高等职业教育系列教材

智能控制与检测技术

主　编　于建明　叶　茵

副主编　刘　乔　刘晓艳

参　编　张小红　王继凤　姚　薇　陈银燕　陈玉华

　　　　赵冉冉　关士岩　王　玲　曹高华　刘　峰

主　审　成建生

机械工业出版社

本书主要内容包括智能入库、智能出库、智能仓储、AGV、光学尺寸检测、平面度检测等。本书结合工作岗位的实际需求，采用"项目导向、任务驱动"的模式，是校企合作开发编写的项目式教材。本书按照实际工作流程，遵循从简单到复杂、从单一到综合的原则，将理论与实践进行有机结合，实现教、学、做一体化，注重吸收行业发展的新知识、技术工艺方法，有利于培养学生的学习能力、实践能力和创新创业能力。

本书可作为高职高专机电一体化技术、电气自动化技术、智能控制技术等专业的教材，也可作为相关技术人员的参考用书。

本书配有动画、视频等资源，可扫描书中二维码直接观看，还配有授课电子课件、习题答案等，需要的教师可登录机械工业出版社教育服务网 www.cmpedu.com 免费注册，审核通过后下载，或联系编辑索取（微信：13261377872，电话：010-88379739）。

图书在版编目（CIP）数据

智能控制与检测技术 / 于建明，叶茵主编 . —北京：机械工业出版社，2023.10（2025.1 重印）

高等职业教育系列教材

ISBN 978-7-111-73194-8

Ⅰ. ①智… Ⅱ. ①于… ②叶… Ⅲ. ①智能控制-高等职业教育-教材 ②自动检测-高等职业教育-教材 Ⅳ. ①TP273 ②TP274

中国国家版本馆 CIP 数据核字（2023）第 088735 号

机械工业出版社（北京市百万庄大街 22 号　邮政编码 100037）

策划编辑：曹帅鹏	责任编辑：曹帅鹏　杨晓花
责任校对：潘　蕊　陈　越	责任印制：郜　敏

北京富资园科技发展有限公司印刷

2025 年 1 月第 1 版第 2 次印刷

184mm×260mm · 13 印张 · 335 千字

标准书号：ISBN 978-7-111-73194-8

定价：55.00 元

电话服务 网络服务

客服电话：010-88361066	机　工　官　网：www.cmpbook.com
010-88379833	机　工　官　博：weibo.com/cmp1952
010-68326294	金　书　网：www.golden-book.com
封底无防伪标均为盗版	机工教育服务网：www.cmpedu.com

Preface
前　言

　　本书以国家职业教育改革实施方案为指导，深化"三教"改革，系统化开发设计教材内容，创新教材知识技能表达方式，赋能卓越型、复合型、创新型高技能人才目标，着力培养学生技术应用及实际动手能力，为服务制造强国战略贡献职教智慧。本书依托江苏电子信息职业学院与戴尔（Dell）公司共建的智能制造示范车间，涵盖料箱货架系统、输送机系统、产品流水检测线体、AGV 系统等子系统模块，是目前 IT 电子部件制造、检测、仓储行业的尖端技术与应用。本书的开发编写一方面是服务相关专业高职高专学生的培养工作，嵌入智能制造元素，提升技术技能水准；另一方面也为示范车间在片区二级供应商培训提供素材。在此基础上，辅以戴尔公司技术团队与分院专业师资团队，强强联手，为本书的高质量编写提供了有力保障。

　　本书以立德树人为根本任务，校企协同开发教材内容，以职业教育规律为基本遵循，与时俱进，融入先进教学理念和专业教学改革的最新成果。为加快推进党的二十大精神进教材、进课堂、进头脑，本书注重课程思政与课程内容融合，注重吸收行业发展的新知识、技术工艺方法，以学生为本，开发符合专业人才培养目标，有利于培养学生学习能力、实践能力和创新创业能力的教材内容。

　　本书的创新基于课程思政与专业课程融合建设，基于教材内容与实际技术岗位融合。内容编写紧紧围绕"打造精品、融入思政、突出重点、体现标准、创新形式"的指导思想，具体如下：

　　（1）打造精品

　　本书的编写集中了智能制造行业领军企业的自动化专业资深专家、行业专家共同参与内容的开发，从根本上保证了本书内容与专业岗位的需求对接，并能很好地融入智能制造相关 IT 电子部件制造、组装及检测业务的最新技术与最新工艺。

　　（2）融入思政

　　本书融入思政元素，将教材纳入"三全育人"主战场。本书开发团队经过深入研讨，分析了课程的性质和特点，系统梳理了课程的教学内容和教学素材，结合课程思政元素，系统开展了课程育人的教学设计，将行业文化与职业岗位素养要求进行有机结合，编写项目化教学案例与相应子任务，全面培养具有创新思维和工匠精神的高素质技术技能人才。

　　（3）突出重点

　　本书着眼于新型工业化的国家战略，进一步深化产教融合，加快企业技术创新和生产应用的进步，深化学校教育教学改革，提高人才培养质量，服务于现代制造业转型升级发展的人才需求，是为培养"会使用、善生产、能维护"等先进制造业岗位人才打造的一本好教材。

（4）体现标准

本书依托并参考高职高专电气自动化技术专业相关的最新职业教育教学标准，通过主编系统化设计本书内容并按照逻辑排序，实现载体项目设计由简单到复杂、由单一到综合的关联性，实现能力培养由单项能力到综合能力的关联性，体现从基础性到引领性的过渡。

（5）创新形式

依据国家职业教育改革实施方案针对三教改革的具体要求，与戴尔公司的企业专家深入研讨，重点参考企业培训资料标准作业程序（Standard Operating Procedure，SOP），按知识点、技能点要求分解成项目与任务，采取工作手册式编写方式，按照工作任务、知识储备、任务工单、能力拓展、巩固训练等五大要素，转化成可实施教学的内容。

本书由江苏电子信息职业学院与戴尔公司共同组建团队编写，于建明、叶茵担任主编，刘乔、刘晓艳担任副主编，张小红、王继凤、姚薇、陈银燕、陈玉华、赵冉冉、关士岩、王玲、曹高华、刘峰担任参编。参与项目设计与编写工作。全书由于建明统稿，成建生担任主审。

本书在编写过程中，参考了许多相关的文献，在此向作者表示衷心的感谢。

限于编者水平，书中难免存在不妥和错误之处，恳请读者批评指正。

编　者

目 录 Contents

前言

项目一 注册入库产品

任务 1.1 构建仓储数据库

工作任务

1. 工作任务描述

认识博众 WMS 智能仓储系统，掌握智能立体仓库的数据信息构建与使用。

2. 学习目标

1）能力目标：正确认识智能仓储系统，能识别系统中各数据信息的含义。

2）知识目标：了解智能仓储系统的发展和应用场合，掌握智能仓储系统的定义，掌握智能仓储系统的结构组成，理解智能仓储系统的工作过程。

3）素质目标：培养仔细做事、独立思考的职业素养，培养正确表达自己思想的能力。

3. 教学组织设计

1）学生角色：操作者。

2）教学情境：企业生产部、设备维护部。

3）教学材料：学习参考材料、安全操作规范。

4. 教学过程

1）任务导入。

2）必备知识：安全操作规范。

3）技能训练：博众 WMS 智能仓储系统认知。

4）成果交流：小组讨论、交流。

5）教师点评：各组改进、作业。

知识储备——智能仓储系统的认知

1. WMS 概述

WMS 是仓储管理系统（Warehouse Management System）的缩写，仓储管理系统是通过入库业务、出库业务、仓库调拨、库存调拨和虚仓管理等功能，综合批次管理、物料对应、库存盘点、质检管理、即时库存管理等功能的管理系统，能够有效控制并跟踪仓库业务的物流和成本管理全过程，实现完善的企业仓储信息管理。该系统可以独立执行库存操作，与其他系统的单据和凭证等结合使用，可提供更为完整、全面的企业业务流程和财务管理信息。

企业的仓储管理是对仓库及仓库内的物资所进行的管理，是企业为了充分利用所具有的仓储资源、提供高效的仓储服务所进行的计划、组织、控制和协调过程。它作为连接生产者和消费者的纽带，在整个物流和经济活动中起着至关重要的作用。智能仓储系统结构如图 1-1 所示。

图 1-1　智能仓储系统结构

WMS 的功能如下：

（1）货位管理

采用 RFID 数据采集器读取产品条码，查询产品在货位的具体位置，（如 X 产品在 A 货区 B 航道 C 货位），实现产品的全方位管理。

通过终端或 RFID 数据采集器实时查看货位货量的存储情况、空间大小及产品的最大容量，管理货仓的区域、容量、体积和装备限度。

（2）产品质检

产品包装完成并粘贴条码之后，运到仓库暂存区由质检部门进行检验，质检部门对检验不合格的产品扫描其包装条码，并在采集器上记录相应数据，检验完毕后把采集器与计算机进行连接，把数据上传到系统中；对合格产品生成质检单，由仓库保管人员执行生产入库操作。

（3）产品入库

从系统中下载入库任务到采集器中，入库时扫描其中一件产品包装上的条码，在采集器上输入相应数量，扫描货位条码（如果入库任务中指定了货位，则采集器自动进行货位核对），采集完毕后把数据上传到系统中，系统自动对数据进行处理，数据库中记录此次入库的品种、数量、入库人员、质检人员、货位、产品生产日期、班组等所有必要信息，并对相应货位的产品进行累加。

（4）物料配送

根据不同货位生成的配料清单包含非常详尽的配料信息，包括配料时间、配料工位、配料明细、配料数量等，相关保管人员在拣货时可以根据这些条码信息自动形成预警，对错误配料的明细和数量信息都可以进行预警提示，极大地提高了仓库管理人员的工作效率。

（5）产品出库

产品出库时仓库保管人员凭销售部门的提货单，根据先入先出原则，从系统中找出相应产品数据下载到采集器中，制定出库任务，到指定的货位，先扫描货位条码（如果货位错误则采集器进行报警），然后扫描其中一件产品的条码，如果满足出库任务条件则按输入数量执行出库，并核对或记录运输单位及车辆信息（以便以后产品跟踪及追溯使用），否则采集器可报警提示。如图 1-2 所示为立体化仓库。

图 1-2　立体化仓库

（6）仓库退货

根据实际退货情况，扫描退货物品条码，导入系统生成退货单，确认后生成退货明细和账务的核算等。

（7）仓库盘点

根据公司制度，在系统中根据要进行盘点的仓库、品种等条件制定盘点任务，把盘点信息下载到采集器中，仓库工作人员通过到指定区域扫描产品条码输入数量的方式进行盘点，采集完毕后把数据上传到系统中，生成盘点报表。

（8）库存预警

另外，仓库盘点环节可以根据企业实际情况为仓库总量、每个品种设置上、下警戒线，当库存数量接近或超出警戒线时，进行报警提示，及时进行生产、销售等的调整，优化企业的生产和库存。

（9）质量追溯

质量追溯环节的数据准确性与之前的各种操作有密切关系。可根据各种属性，如生产日期、品种、生产班组、质检人员、批次等对相关产品的流向进行每个信息点的跟踪；同时也可以根据相关产品属性、操作点信息对产品进行向上追溯。可在此系统基础上进行信息查询与报表分析。根据需要可设置多个客户端，为不同的部门设定不同的权限，无论是生产部门、质检部门、销售部门还是领导决策部门，都可以根据所赋权限在第一时间内查询到相关的生产、库存、销售等各种可靠信息，并可进行数据分析，同时可生成并打印规定格式的报表。

2．WMS 的发展现状与趋势

WMS 可以独立执行库存操作，也可与其他系统的单据和凭证等结合使用，可为企业提供更为完整的企业物流管理流程和财务管理信息。

综合我国仓储物流企业的管理现状，以及对仓储管理的精细化要求，WMS 将向以下几个方向发展：

1）柔性企业的发展是一个动态的过程，如企业发展战略、业务范围和业务流程将不断调整。WMS 应遵循系统体系结构和平台开发的理念，以适应企业发展不断变化的需要，为企业的可持续发展提供信息保障。

2）体系架构化是指开发设计中考虑仓储作业管理的整体性，搭建仓储作业管理的整体架构，包括作业信息读取管理、复核拼箱管理、复核发货管理、配送管理、数据采集设备接口、自动化仓库设备控制系统接口等。企业业务管理系统一体化、WMS 一体化应用，提高对客户订单的反应速度，及时反馈信息，实现业务管理与物流作业协同，满足企业商流物流一体化管理的需求。

3）工具平台化旨在满足企业的个性化需求，同时满足企业信息化应用程序的扩展和组合。例如，可以在系统中提供基本的管理单元模块和开发工具，以快速响应企业不断变化的需求，从而实现 WMS 的纵向和横向扩展，以满足企业长期发展的需要。不同的行业有不同的管理要求，如贵重商品对单品的管理要求比较严格；药品和食品对有效期、批号和批次的管理要求严格。一套 WMS 软件不可能适应所有行业管理的需要，要走行业化和专业化的道路。针对药品流通行业的管理特点，对采购入库、采购退货、库房管理、销售出库、销售退回以及越库管理等业务进行系统的规划。把采购业务、库存业务、销售业务中涉及商品流动的作业环节，通过 WMS 进行管理，实现流通企业对商务和商品流动作业的管控一体化，并优化作业流程，减少不增值的作业环节，提高商品周转率和准确性。

目前，WMS 企业包括以下两类。

第一类：企业部署模式。这是比较传统的模式，需要在企业单独部署、独立使用。软件公司根据企业需求进行定制开发，收取开发费和维护费。

第二类：SAAS 模式。即企业打开浏览器直接使用，无须购买服务器，软件公司根据企业需求开放相应模块，并按流量进行收费，但是不能绝对保证数据的安全性。一般来说，企业正规化，其服务质量好、企业运作顺畅、未来发展前景良好、企业成本控制有效，这样的 WMS 项目管理企业就属于优秀企业。

随着我国信息化的发展、物联网的不断进步，未来我国 WMS 行业将保持快速发展。根据 Jarvis 大数据预计，至 2023 年，我国 WMS 的市场规模将达到 3210 亿元，比 2017 年增长近 2.5 倍。随着互联网技术的不断发展，可以应用更多技术来完善 WMS，如近年来的区块链技术。区块链是未来物联网的技术，区块链技术的应用可以推动物联网的发展，同时改善 WMS。同时，从标签和读写器等硬件产品来看，超高频 RFID 技术门槛较高，发展较晚，但是在国内的应用日渐增多，主要集中在车辆管理、人员门禁、生产管理、仓储物流、资产管理等，大部分应用尚未达到大规模成熟应用阶段，具有较大的发展空间。

3. 博众 WMS 智能仓储系统

博众 WMS 智能仓储系统见表 1-1，主要由料箱堆垛机系统、输送系统、货架、RF 系统、仓库管理系统、电子看板系统以及接口组成，解决半成品、成品、原料等存储的收货、入库、存储、出库、AGV 配送的自动化以及信息管理。既能与 ERP、MES 等上位系统无缝对接，实现基础数据与业务单据的交互，又可以对堆垛机、提升机、输送机等输送设备进行控制与数据提取，为设备维护提供参考依据。

表 1-1　博众 WMS 智能仓储系统

WMS 总系统	RFS 子系统	WCS 子系统	看板子系统
WMS 总系统主要包含基础信息管理、入库管理、出库管理、报表服务等子模块，同时每个模块又有多种策略供客户自主选择	手持终端（RF）有一定的便携性，可以辅助 WCS 子系统进行仓储业务的操作，主要包括入库配盘、出库拣选、盘点查看、库存查询、托盘合并等子模块	作为 WMS 开发平台的调度层，WCS 子系统对堆垛机等输送设备进行调度，并对其数据进行采集、分析、显示，对设备维护起到关键作用	看板子系统主要用于显示出/入库口当前执行的任务信息，对报警信息进行语音播报，方便操作人员进行处理，也可以对整个仓库的存储情况、设备状态等信息进行实时显示

（1）立体仓库

博众 WMS 智能仓储系统中的立体仓库采用坐标定位的方式构建了 2 行×10 列×5 层，共计 100 个存储位。标记 01×04×02 表示立体仓库中第 1 行第 4 列第 2 层的存储位。如图 1-3 所示。

图 1-3　博众 WMS 智能仓储系统中的立体仓库

（2）智能仓储系统数据库构建

1）系统登录。在服务器端打开浏览器，在地址栏输入：192.168.2.2：88，进入博众 WMS 智能仓储物流管理系统的登录界面，如图 1-4 所示。输入用户名和密码进入系统，如图 1-5 所示。

图 1-4　博众 WMS 智能仓储物流管理系统登录界面

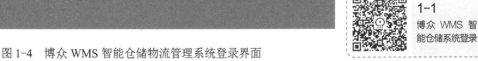

1-1
博众 WMS 智能仓储系统登录

主界面上方功能栏包括基础资料、业务管理、查询统计、系统管理 4 个功能按钮。

图 1-5　博众 WMS 智能仓储物流管理系统主界面

2）基础资料功能。"基础资料"界面下，可以实现物料管理和货位管理功能。物料管理功能：单击左侧"物料管理"进入图 1-6 所示界面，可以在所显示的列表中清楚地看到库存产品的品名、规格等基本信息。可通过单击"添加"按钮新增产品并输入相关信息，通过单击"删除"按钮可以对已有产品进行删除、修改，对于产品数量较多的情况，也可以单击"导出模板"按钮批量导入。

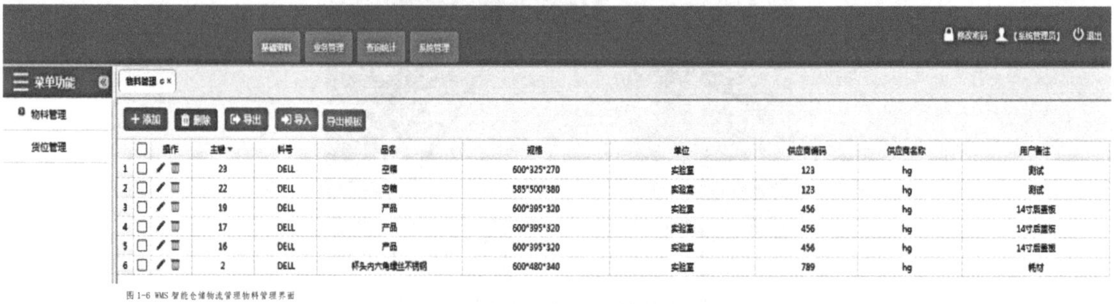

图 1-6　博众 WMS 智能仓储物流管理"物料管理"界面

货位管理功能：单击左侧"货位管理"，进入"货位管理"界面。此界面下显示立体仓库货位的使用状态，包括是否空位，是否已存放产品，产品是未检测还是已检测等信息。

3）业务管理功能。"业务管理"界面下，可以实现标签列印、来料拆箱、库存出库、归还装箱等功能。"标签列印"界面，显示条码的信息，如图 1-7 所示。"来料拆箱"界面下，可以对入库的产品进行标签信息录入和查询，如图 1-8 所示。"库存出库"界面下，可以查询产品库存状态，如图 1-9 所示。"归还装箱"界面下的添加功能如图 1-10 所示。

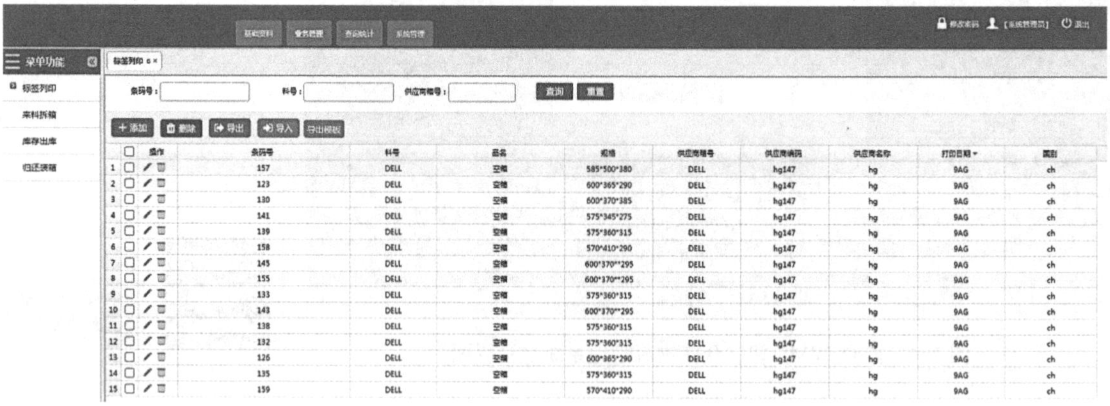

图 1-7　"标签列印"界面

图 1-8　"来料拆箱"界面

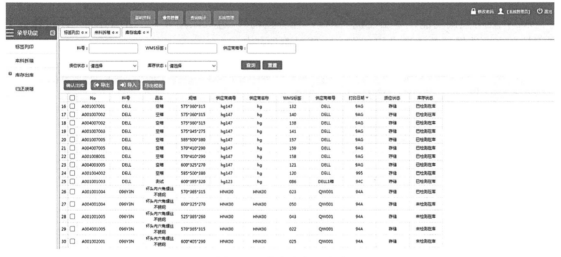

图 1-9　"库存出库"界面

图 1-10　"归还装箱"界面添加功能

4）查询统计功能。在"查询统计"界面下，可以实现出入库查询、AGV 任务查询。出入库查询功能：单击左侧"出入库查询"，进入如图 1-11 所示界面，可以通过输入条码，查询该条码下的所有任务执行信息。

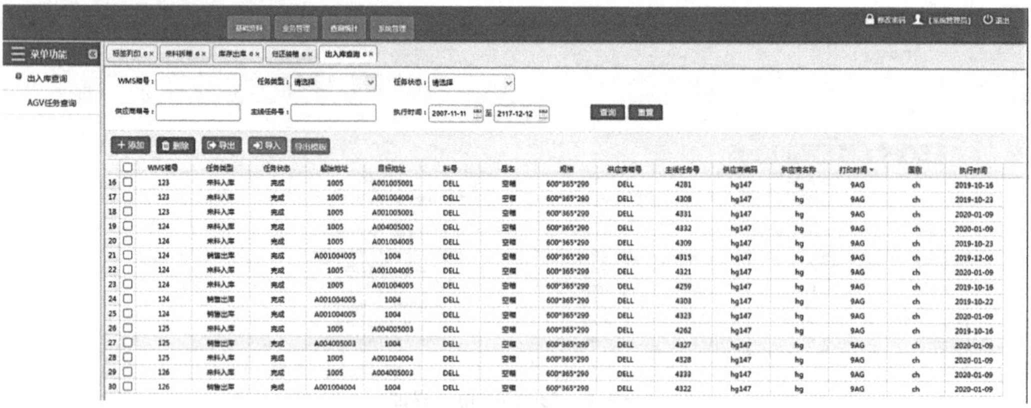

图 1-11 "出入库查询"界面

AGV 任务查询功能：单击左侧"AGV 任务查询"，进入如图 1-12 所示界面，通过任务类型下拉列表框选择任务类型进行查询，也可以添加任务。

图 1-12 "AGV 任务查询"界面

5）系统管理功能。"系统管理"界面下，可添加和删除用户，如图 1-13 所示，并进行组织管理、权限管理、配置菜单等设置。

图 1-13 "系统管理"界面

任务工单

任务名称	博众 WMS 智能仓储系统认知		任务成绩	
学生班级			学生姓名	
所用设备			教学地点	
任务描述	随着无人化、智能化、自动化等在各行各业中兴起，越来越多的智能化装备开始投入实际使用。智能化物流仓储在各行各业得到了广泛的应用，市场需求呈现出井喷式增长。通过本任务的学习，认识博众 WMS 智能仓储系统，掌握智能仓储系统的结构组成及工作流程，熟练使用智能仓储系统进行产品信息查询和任务实施			
目标达成	1）正确认识智能仓储系统 2）掌握智能仓储系统的结构组成 3）熟知智能仓储系统的使用方法 4）掌握智能仓储系统数据			
任务实施	学习步骤 1	博众 WMS 智能仓储系统的总体介绍、特点、发展历程和应用场合		
	讨论	列举智能仓储系统的应用领域		
	学习步骤 2	博众 WMS 智能仓储系统的使用，通过视频、演示等方式讲解智能仓储系统的数据库构建及信息含义		
	自测 1	如何在博众 WMS 智能仓储系统中进行产品信息添加		
	自测 2	如何在博众 WMS 智能仓储系统中查看仓库货位状态		
	自测 3	如何在博众 WMS 智能仓储系统中添加任务		
任务评价	1）自我评价与学习总结 2）任课教师评价成绩			

能力拓展——智能物流及仓储系统

智能物流及仓储系统是由立体货架、有轨巷道堆垛机、出入库输送系统、信息识别系统、自动控制系统、计算机监控系统、计算机管理系统以及其他辅助设备组成的智能化系统。智能物流仓储系统采用一流的集成化物流理念设计，通过先进的控制、总线、通信和信息技术应用，协调各类设备动作实现自动出入库作业，如图 1-14 所示。

图 1-14 智能物流及仓储系统

智能物流及仓储系统是智能制造工业 4.0 快速发展的一个重要组成部分，它具有节约用地、减轻劳动强度、避免货物损坏或遗失、消除差错、提高仓储自动化水平及管理水平、提高管理和操作人员素质、降低储运损耗、有效减少流动资金积压、提高物流效率等诸多优点。

智能物流及仓储系统的特点：实现了仓库的信息自动化、精细化管理，指导和规范仓库人员日常作业，完善仓库管理、整合仓库资源，并为企业实现了数字化管理，以及出/入库、物料库存量等仓库日常管理业务的实时查询与监控，如图 1-15 所示。

图 1-15　智能物流及仓储系统整体效果

智能物流及仓储系统的优点具体如下：

1）提升仓库货位利用效率。

2）减少对操作人员经验的依赖性，转变为由信息系统来规范作业流程，由信息系统提供操作指令。

3）实现对现场操作人员的绩效考核。

4）降低作业人员劳动强度。

5）降低仓储最小库存单位（SKU）的库存。

6）改善仓储的作业效率。

7）减少仓储内的执行设备。

8）改善订单准确率。

9）提高订单履行率。

10）提高仓库作业的灵活性。

立体仓库设备如图 1-16 所示。系统主要由立体货架、料箱式堆垛机、托盘堆垛机、穿梭车、链条式输送机、辊筒式输送机、垂直提升机、电动叉车、信息检测设备等主要设备及托盘、料箱、钢平台等辅助设备组成。

图 1-16　立体仓库设备

巩固训练

物流是企业、社会、生活的生命线。物流的效率化，就是企业对高效率、低浪费的追求。物流是企业重要的业务内容之一，没有物流，原材料不能正常采购、对消费者的商品供给也将停止。WMS 是为实现物流中心内库存和业务最优化的管理系统。WMS 对于物流成本的削减和从生产到消费的供应时间的缩短、供应链管理，以及企业高层在有关物流方面做出快速决策都有重要的意义。

在全球化供应链的规划与运作之下，依各地的差异，将配销、仓储等作业规划在不同地点，或是以不同的规模运营以符合企业的经营策略。区分据点作业可以让每个储运中心更为专注其所负责的范畴，然而，对运营总部，则需要掌握每个地点的储运现况，以实时信息辅助供应决策的形成。

思考题：

1．智能仓储系统的定义是什么？

2．智能仓储系统的主界面有哪些功能？

3．查找资料，列举智能仓储系统的结构与应用。

4．智能物流及仓储系统的特点是什么？

任务1.2　构建产品二维码

工作任务

1．工作任务描述

认识博众 WMS 智能仓储系统中的产品信息构建，掌握产品二维码信息的构建、信息添加、查询、打印等。

2．学习目标

1）能力目标：正确认识智能仓储系统，构建产品二维码信息。

2）知识目标：了解二维码包含的产品信息，知道二维码标签在智能仓储系统中的意义，掌握如何打印产品二维码。

3）素质目标：培养仔细做事、独立思考的职业素养，培养正确表达自己思想的能力。

3．教学组织设计

1）学生角色：操作者。

2）教学情境：企业生产部、设备维护部。

3）教学材料：学习参考材料、安全操作规范。

4．教学过程

1）任务导入。

2）必备知识：安全操作规范。

3）技能训练：录入产品信息以及打印二维码。

4）成果交流：小组讨论、交流。

5）教师点评：各组改进、作业。

知识储备——二维码的认知

1. 二维码的基本概念

二维码是指在一维条码的基础上扩展出另一维的具有可读性的条码，使用黑白矩形图案表示二进制数据，被设备扫描后可获取其中所包含的信息。一维条码的宽度记载着数据，而其长度没有记载数据。二维码的长度、宽度均记载着数据。二维码有一维条码没有的定位点和容错机制。容错机制在即使没有辨识到全部的条码或条码有污损时，也可以正确地还原条码上的信息。

二维码在设计上改善了一维条码低密度信息、存储容量较小、必须依赖数据库和通信网络等缺点，而且其自动识读技术及低廉的成本使得二维码现已广泛应用于生活的各个方面，如生产系统、医疗系统、税务系统等。

2. 二维码分类

二维码种类很多，编解码方式也各不相同，因此不同种类二维码的应用领域也存在差异。如图 1-17 所示。

Data Matrix　　Maxi Code　　Aztec Code　　QR Code　　Vericode

PDF417　　Ultracode　　Code 49　　Code 16K

图 1-17　常见二维码

下面介绍两种类型的二维码，分别是行排式二维码和矩阵式二维码。

（1）行排式二维码

行排式二维码由一维条码组成，在编码原理上类似于一维条码，并且通常不具备纠错能力。其中具代表性的有 Code 49 码、Code 16K 码、PDF417 码。

（2）矩阵式二维码

矩阵式二维码表示为矩阵形式，具有自动识别的能力，且通常都有纠错能力。其中具有代表性的有 Data Matrix 码、Code One 码、Quick Response 码（简称 QR 码）、汉信码。

3. 二维码编码过程

（1）数据分析

确定编码的字符类型，按相应的字符集转换成符号字符；选择纠错等级，在规格一定的条件下，纠错等级越高其真实数据的容量越小。

（2）数据编码

将数据字符转换为位流，每 8 位一个码字，整体构成一个数据的码字序列。已知数据的码字序列即可知道二维码的数据内容。编码模式见表 1-2。

表 1-2　编码模式

模　　式	指　示　符
ECI	0111
数字	0001
字母数字	0010
8 位字节	0100
日文汉字	1000
汉字	1101
结构链接	0011
FNC1	0101（第一位置）1001（第二位置）
终止符（信息结尾）	0000

下面以对数据 01234567 编码为例，说明二维码的编码过程。

1）分组：012 345 67。

2）转成二进制：012→0000001100；345→0101011001；67→1000011。

3）转成序列：0000001100 0101011001 1000011。

4）字符数转成二进制：8→0000001000。

5）加入模式指示符（表 1-2 中数字）0001：0001 0000001000 0000001100 0101011001 1000011。

对于字母、汉字、日文汉字等只是分组的方式、模式等有所区别，基本方法是一致的。

4．QR 码——快速矩阵二维码

QR 码是由日本电装（Denso）公司于 1994 年 9 月研制的一种矩阵二维码符号。QR 码除具有一维码及其他二维码所具有的信息容量大、可靠性高、可表示汉字及图像多种文字信息、保密防伪性强等优点外，还具有以下主要特点：

普通的一维码只能在横向位置表示大约 20 位的字母或数字信息，无纠错功能，使用时需要后台数据库的支持，而 QR 码是横向、纵向都存有信息，可以存入字母、数字、汉字、照片、指纹等大量信息，相当于一个可移动的数据库。如果用一维码与 QR 码表示同样的信息，QR 码占用的空间只是一维码面积的 1/11。

QR 码能够包含的信息比条码多得多。如图 1-18 所示。

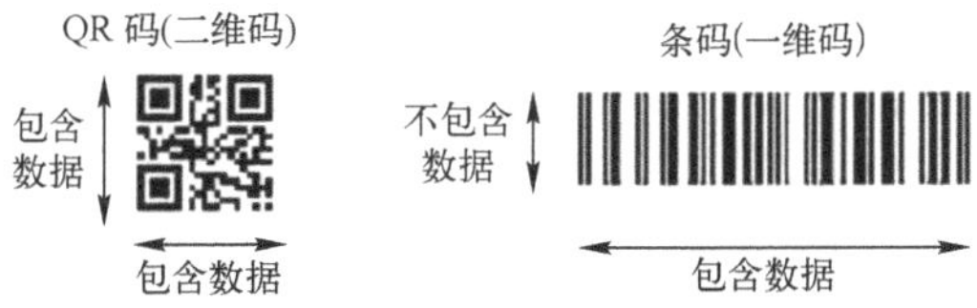

图 1-18　QR 码和一维码

QR 码比其他二维码相比，具有识读速度快、数据密度大、占用空间小的优势。QR 码的三个角上有三个寻像图形，使用 CCD 识读设备可以探测码的位置、大小、倾斜角度，并加以解码，实现高速识读，每秒可以识读 30 个含有 100 个字符的 QR 码。QR 码容量密度大，可以存入 1817 个汉字、7089 个数字、4200 个英文字母。QR 码用数据压缩方式表示汉字，仅用 13bit 即可表示一个汉字，比其他二维码表示汉字的效率提高了 20%。QR 码具有 4 个等级的纠错功能，即使破损也能够正确识读。QR 码的抗弯曲性能强，QR 码中每隔一定的间隔配置有校正图形，可从码的外形求得推测校正图形中心点与实际校正图形中心点的误差来修正各个模快的中心距离，即使将 QR 码贴在弯曲的物品上也能够快速识读。QR 码可以分割成 16 个 QR 码，可以一次性识读数个分割码，适应印刷面积有限及细长空间印刷的需求。此外，微型 QR 码可以在 1cm 的空间内存入 35 个数字或 9 个汉字或 21 个英文字母，适合小型电路板对 ID 号码采集的需要。

1-3
产品二维码信息的录入与打印

📝 任务工单

任务名称	打印产品二维码		任务成绩	
学生班级			学生姓名	
所用设备			教学地点	
任务描述	在智能物流仓储系统中，二维码就是产品的身份证，包含产品名称、类型等信息。通过本任务的学习，熟练使用博众 WMS 智能仓储系统进行产品二维码标签的信息录入和打印			
目标达成	1）正确使用智能仓储系统软件 2）掌握产品二维码信息的正确录入 3）熟悉二维码中包含的产品信息			
任务实施	学习步骤1	通过二维码进行产品信息查询		
	实践			
	学习步骤2	打印产品二维码		
	实践	按照如下界面步骤提示，完成产品二维码信息的录入和打印		

（续）

任务实施	实践	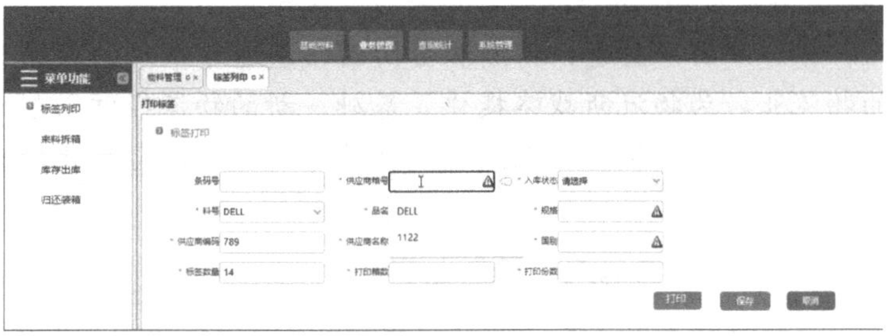 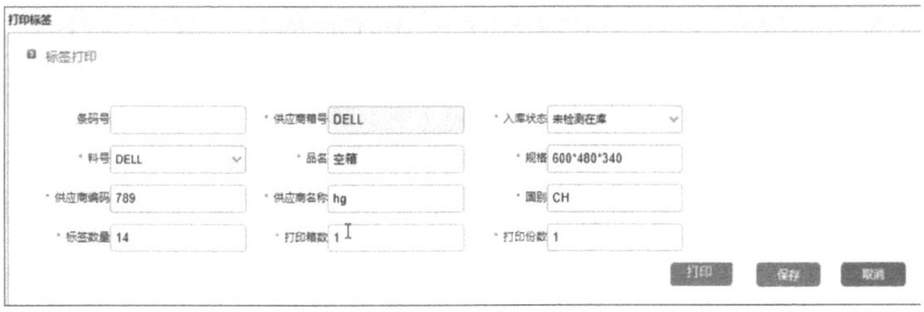
任务评价		1）自我评价与学习总结
		2）任课教师评价成绩

知识储备——二维码的应用案例

案例一：二维码汽车票

用户通过网络购买车票时，输入购票信息，通过电子支付，即可完成车票的预订，稍后手机会收到二维码电子票信息，用户凭该信息即可到客运站换票或直接检票登车。同样地，飞机票、展会门票、影票等通过二维码都能实现电子化。

案例二：二维码物流管理应用

物流管理的概念经历了从简单到复杂、从低级到高级的过程。开始它被理解为"在生产和消费间对物资履行保管、运输、装卸、包装、加工等功能，以及作为控制这类功能后援的信息功能，它在物资销售中起到了桥梁作用"。随着市场竞争的加剧，物流管理不单纯要考虑从生产者到消费者的货物配送问题，而且还要考虑从供应商到生产者对原材料的采购，以及生产者本身在产品制造过程中的运输、保管和信息传递等各个方面，全面地、综合性地提高经济效益和效率的问题。因此，现代物流是以满足消费者的需求为目标，把制造、运输、销售等市场信息统一起来考虑的一种战略措施，这与传统物流是后勤保障系统和销售活动中起桥梁作用的概念相比，在深度和广度上又有了进一步的提升。

另一方面，快速、精确和全面的信息通信技术的应用开拓了以时间和空间为基本条件的物流业，为物流新战略提供了基础，新的物流经营思想也如雨后春笋般不断破土而出，如准时化战略、快速反应战略、连续补货战略、自动化补充战略、销售时点技术、实时跟踪技术等。

案例三：二维码汽车制造业应用

二维码技术在汽车行业的应用广泛而深入，DPM 二维码技术现已在美国的汽车行业得到广泛应用，而我国的部分合资汽车厂商也相继迈出了应用的步伐。二维码技术在汽车行业的应用已经十分普遍，从发动机的缸体、缸盖、曲轴、连杆、凸轮轴到变速器的阀体、阀座、阀盖，再到离合器的许多关键零部件以及电子点火器和安全气囊，二维码的应用比比皆是。

由于生产加工工序得以全过程跟踪，提高了加工质量，同时由于跟踪了生产过程中的加工设备，可以自由操作工人的状态，而且使得其原生产线变成了柔性生产线，可生产多品种产品。更为重要的是，二维码的成功引入还为产品的防假冒提供了有力的手段，也为产品的售后服务提供了有力的保障，并为 MES（制造执行系统）的实现提供了完整的数据平台。

案例四：质量追溯

给猪牛羊佩戴二维码耳标，其饲养、运输、屠宰及加工、储藏、销售各环节的信息都将实现有源可溯。二维码耳标与传统物理耳标相比，增加了全面的信息储存功能。在可追溯体系中，猪牛羊的养殖免疫、产地检疫和屠宰检疫等环节中都可以通过二维码识读器将各种信息输入到新型耳标中。通过编码就能很轻松地追溯到每头牛是哪个养殖场、哪个管理员饲养的，从而保障了餐桌上的牛肉质量安全。

案例五：二维码会议签到

只要发送一个含有来宾手机号码、身份等信息的二维码彩信到来宾手机上，来宾签到时，只需扫描二维码即可签到，省去了过去通过纸质入场券签到的复杂性，提高了签到的速度和效率。

案例六：月饼二维码

如今的中秋节与以往不同，消费者除了可以在线下实体店购买月饼外，还可以在网上下订单购买月饼，付款后就可以收到一条包含该产品信息的二维码信息，发送二维码给亲朋好友，他们只需拿着手机凭二维码到任何一家该月饼品牌实体店，在相应的机器上一刷就可以顺利提货。对于消费者来说，二维码可以让他们为亲朋好友远程买单，尤其是对月饼这样的保鲜食品类来说，刷码提货还能保证月饼的新鲜。

巩固训练

互联网时代，网络在生活中无处不在，尤其是随着二维码的出现，大大推动了移动支付的发展。下面介绍如何使用二维码。

草料二维码是国内专业的二维码服务提供商，提供二维码生成、美化、印制、管理、统计等服务，帮助企业通过二维码展示信息并采集线下数据，提升营销和管理效率。

步骤一：打开草料二维码官网 https://cli.im/，选择需要制作二维码的类型。如图 1-19 所示。

图 1-19　草料二维码官网

步骤二：在文本框内输入内容，单击"生成二维码"按钮就可以生成二维码。如图 1-20 所示。

图 1-20　二维码生成

步骤三：单击"下载"按钮将二维码保存到计算机上。如图 1-21 所示。

图 1-21　二维码保存

思考题：

1．二维码的组成原理是什么？

2．二维码的分类有哪些？

3．打印产品二维码的操作步骤是什么？

4．与一维码相比，二维码的优点是什么？

项目二　产品智能入库

任务 2.1　识别产品二维码

📖 工作任务

1．工作任务描述

掌握博众 WMS 智能仓储系统中对产品二维码的识别与信息处理。

2．学习目标

1）能力目标：正确认识产品二维码信息，能根据二维码数据信息进行产品状态处理。

2）知识目标：了解智能仓储系统中二维码扫描设备的工作过程和设备选择要求，掌握产品二维码信息的处理。

3）素质目标：培养仔细做事、独立思考的职业素养，培养正确表述自己思想的能力。

3．教学组织设计

1）学生角色：操作者。

2）教学情境：企业生产部、设备维护部。

3）教学材料：学习参考材料、安全操作规范。

4．教学过程

1）任务导入。

2）必备知识：安全操作规范。

3）技能训练：博众 WMS 智能仓储系统产品二维码识别。

4）成果交流：小组讨论、交流。

5）教师点评：各组改进、作业。

📚 知识储备——二维码信息处理

1．二维码扫描设备的工作原理

在制造业生产线上自动控制或跟踪在制品，或者在传送带上自动分拣物品，都需要准确可靠而无人值守的条码识别手段。光笔是最先出现的一种手持接触式条码阅读器。使用时，操作者需将光笔接触到条码表面。通过光笔的镜头发出一个很小的光点，当这个光点从左到右划过条码时，在"空"部分，光线被反射，在"条"的部分，光线将被吸收，因此在光笔内部产生一个变化的电压，这个电压通过放大、整形后用于译码。常见的图像输入设备或光电扫描设备可以自动读取二维码，并且会对识别出的信息进行自动处理。因为每个码有自己的字符集，每个字符占据各自的位置，所以，通过扫描能读取的数据信息在二维码中的位置由定位图形和分隔符决定，这样才能够快速地识别和处理图形旋转、变化等问题。二维码可以在横向和纵向进行编码，用正方形的黑白格记录信息，其原理是利用了二进制的 0 和 1，如有一个 10×10 格的二维码，每一个都有黑白格，如果用 1 表示白色的格子，0 表示黑色的格子，那么可以用类似"0100101100"这样的一行数字来表示每一行的代码，将 10 个这样的数字行排列起来，就组成了一个二维码，扫码就相当于解码的过程，可以识别二维码的信息。

固定式条码扫描器可以有各种不同的外形尺寸、扫描形式、识读分辨率、扫描距离、扫描区域、识读景深、安装方式和接口方式，也可以组成条码扫描网络，成组工作，再配合传感器和多种高级智能分析技术，能够完成各种环境下任何复杂的条码自动识别工作，并将数据或信号传送到计算机或 PLC，具体的解决方案基于具体的应用环境和要求以及约束条件。下面介绍几种条码扫描器的工作原理。

（1）柜台式条码扫描识读

在零售连锁店、便利店、书店或药店，收银员通常要将商品拿到收银柜台进行条码扫描。台式条码扫描器结构紧凑，通常安放在收银柜台上，与 POS 系统连接。它通过较大的扫描窗形成多条交叉的网状扫描线，从而实现全方向条码扫描。操作者不需要仔细地调整条码的方向，也能够快速方便地识读商品条码，加快结账过程。

（2）手持式条码扫描识读

手持式条码扫描器是最常用和最灵活的条码扫描识别设备，一般有激光式、线阵 CCD 式和矩阵 CCD 式，适合扫描体积和形状不一的物品。操作者可在固定站点工作，也可接至手持数据终端或车载数据终端移动工作。可识读的条码码制（一维或二维，堆叠式或矩阵式）、扫描距离、识读景深、识读分辨率、工业级别、接口方式、外形结构、应用场合以及反馈信息的方式等因素，是选择手持式条码扫描器时必须考虑的。

（3）无线移动条码扫描识读

一般来说，手持式条码扫描器需要通过电缆连接到 PC、POS 或其他固定终端才能工作。在多数情况下，这种工作模式是可以接受的。但在有些情况下，操作者需要在较大的范围内进行条码扫描工作，通信电缆则成为极大的限制条件。无线移动条码扫描器使用大容量可充电电池，以无线通信方式代替电缆连接，摆脱了与固定计算机之间的距离限制，并方便移动工作。无线移动条码扫描器除了可以进行点到点通信，即一个无线移动条码扫描器通过一个无线通信基座与计算机通信，还可实现多点到一点通信，即多个无线移动条码扫描器通过一个无线通信基座与计算机通信，将多个无线移动条码扫描器以无线方式集中连接到计算机的同一个通信接口。

二维码的重要特点是编码密度很高，特别适合小尺寸产品的自动控制和跟踪管理，如印制电路板和电子元器件制造过程。固定式二维码识读器采用矩阵 CCD 图像技术，将照明、图形获取、图像处理、解码和通信等模块集成在一起，能够快速、方便地以全方向方式识别一维码、堆叠式二维码（如 PDF417）和矩阵式二维码（如 Data matrix 和 QR 码）。由于结构非常紧凑并且具有全方向识别的特点，固定式二维码识读器很容易结合到自动生产线或自动设备中。

2. 二维码扫描设备的分类与应用

二维码扫描器又分为手持式扫描器和固定式扫描器。

（1）手持式扫描器

手持式扫描器即二维码扫描枪，如图 2-1 所示，可以扫描 PDF417、QR 码、DM 码，如 Symbol 的 DS6707、DS6708 等。

二维码扫描枪由于其独有的大景深区域、高扫描速度、宽扫描范围等突出优点得到了广泛应用。另外，激光全角度二维码扫描枪由于能够高速扫描识读任意方向通过的条码符号，被大量使用在各种自动化程度高、物流量大的领域。

图 2-1 二维码扫描枪

二维码扫描枪通过打出的光源来扫描条码，通过条码的黑白条空所反射的光的巨大差别来识别条码，当扫描一组条码时，光源照射到条码上后反射光穿过透镜集聚到扫描模组上，由扫描模组（俗称扫描枪解码板）把光信号变换成模拟/数字信号（即电压，它与接收到的光的强度有关），传输到计算机上即可显示条码内容。在二维码扫描枪从采集光源、解码分析到转变成计算机输入信号的过程中，如果条码无法正确识别，激光线会一直亮着，表示二维码扫描枪一直在解码，如果解码成功，激光线就自动灭掉。

这时模-数转换电路把模拟电压转换成数字信号传送到计算机。颜色用 RGB 三色的 8、10、12 位来量化，即把信号处理成上述位数的图像输出。更高的量化位数，意味着图像能有更丰富的层次和深度，但颜色范围可能超出人眼的识别能力，所以在可分辨的范围内，更高位数的二维码扫描枪扫描出来的效果表现为颜色衔接平滑，能够看到更多的画面细节。

（2）固定式扫描器

固定式扫描器即二维码读卡器，台式，非手持，安放在桌子上或固定在终端设备里，如上海夏浪（SUMLUNG）信息科技有限公司的 SL-QC15S 二维码读卡器，如图 2-2 所示。

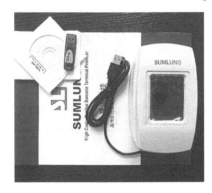

图 2-2 SL-QC15S 二维码读卡器（QR 码）

SL-QC15S 二维码读卡器（QR 码）采用全新的设计理念，是基于 CMOS 的低成本、高性能的二维码读卡器。详细参数为：识别窗口大小为 48mm（长）×37mm（高）；尺寸为 135mm（长）×81mm（高）×98mm（高）；光源为 LED 灯；组扫描方式为 CMOS；图像式支持码制为二维码，同时支持 QR 码、DM 码；扫描速度为 30 次/s；读取方式为 360°。

📋 任务工单

任务名称	识别产品二维码		任务成绩	
学生班级			学生姓名	
所用设备			教学地点	
任务描述	在智能物流仓储系统中，二维码就是产品的身份证，包含产品名称、类型等信息。通过本任务的学习，熟练使用博众 WMS 智能仓储系统对产品二维码的扫描和信息识别，为产品入库分析做准备			
目标达成	1）正确使用智能仓储系统软件 2）掌握产品二维码的扫描工作原理与过程 3）识别产品二维码中包含的产品信息			
任务实施	学习步骤1	认识产品二维码扫描设备  		
	实践	1）找出博众 WMS 智能仓储系统中的二维码扫描设备和安装位置 2）分析二维码扫描设备的类型和型号		
	学习步骤2	识别产品二维码		
	实践	1. 将上一任务单生成的二维码（如下图样例）作为识别对象，贴到货物箱侧面  2. 将货物箱搬至入货台，用扫描仪对准二维码，进行扫描 3. 博众 WMS 智能仓储系统界面中即识别出相应信息		
任务评价	1）自我评价与学习总结 2）任课教师评价成绩			

📖 知识储备——二维码扫描设备调试

1）安装二维码扫描仪驱动，如图 2-3 所示。

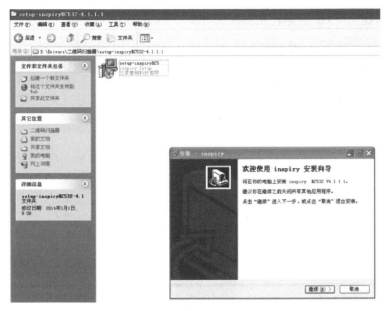

图 2-3　二维码扫描仪驱动

2）打开驱动程序，如图 2-4 所示。

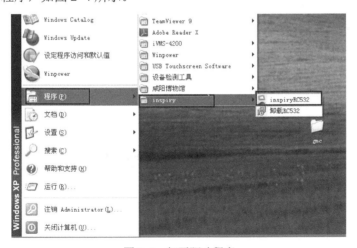

图 2-4　打开驱动程序

3）在属性条右下角，右键单击选择"QR 码"，如图 2-5 所示。

图 2-5　选择 QR 码

4）在桌面新建一个.txt 文本，用扫描仪对准二维码，文本内会自动记录读取到的二维码，如图 2-6 所示。

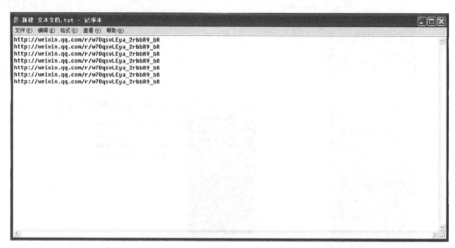

图 2-6　文本记录读取到的二维码

 巩固训练

计算机如何识别二维码？

除了常见的用手机扫描二维码，用计算机也可以扫描二维码。下面介绍如何用计算机扫描二维码。

材料/工具：浏览器。

步骤如下：

1）打开任意一个浏览器，如图 2-7 所示。

图 2-7　打开浏览器

2）输入网址 http://jiema.wwei.cn/，如图 2-8 所示，按回车键进入。

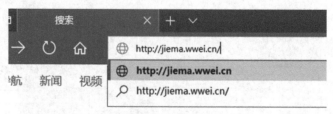

图 2-8　输入网址

3）进入网页后，单击"上传我的二维码"，如图 2-9 所示。

图 2-9 上传二维码

4）选择要上传的二维码，单击"打开"，如图 2-10 所示。

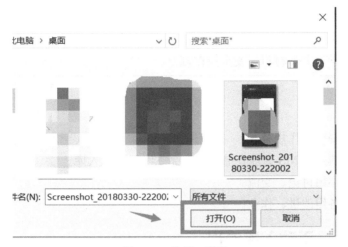

图 2-10 选择二维码

5）等待解码结束后会出现二维码对应的网址，如图 2-11 所示，双击网址，进入该网址对应的网站即可。

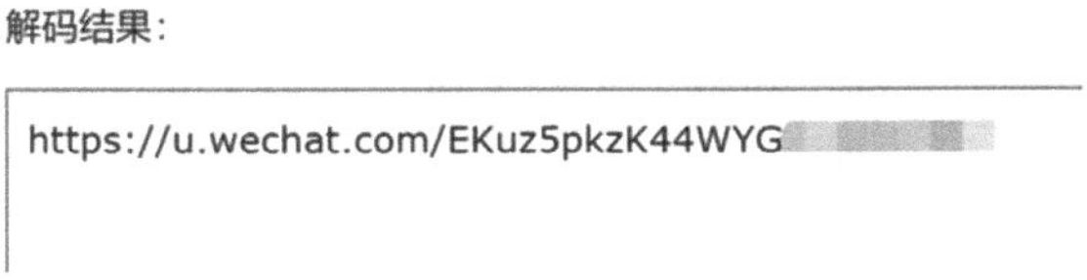

解码结果：

https://u.wechat.com/EKuz5pkzK44WYG

图 2-11 解码结果

思考题：

1. 简单总结生活中接触到的二维码扫描设备及其应用场合。

2. 归纳一下二维码扫描的过程。

3. 自己设计并制作一个二维码，产品信息不定。

任务 2.2 手动入库控制

工作任务

1. 工作任务描述

掌握博众 WMS 智能仓储系统中通过识别产品二维码手动入库操作。

2. 学习目标

1）能力目标：能够操作博众 WMS 智能仓储系统入货台，手动入库带有二维码信息的产品。

2）知识目标：了解智能仓储系统中入货台传输线的工作过程。

3）素质目标：培养仔细做事、独立思考的职业素养，培养正确表达自己思想的能力。

3. 教学组织设计

1）学生角色：操作者。

2）教学情境：企业生产部、设备维护部。

3）教学材料：学习参考材料、安全操作规范。

4. 教学过程

1）任务导入。

2）必备知识：安全操作规范。

3）技能训练：博众 WMS 智能仓储系统产品二维码手动入库。

4）成果交流：小组讨论、交流。

5）教师点评：各组改进、作业。

📚 知识储备——手动入库流程

WMS 入库管理流程：从系统下载入库任务到 RFID 读写器中，入库时扫描其中一件产品包装上的条码，在 RFID 读写器上输入相应数量，扫描货位条码（如果入库任务中指定了货位，则 RFID 读写器自动进行货位核对），采集完毕后把数据上传到系统中，系统自动对数据进行处理，数据库中记录此次入库的品种、数量、入库人员、质检人员、货位、产品生产日期、班组等所有必要信息，对相应货位的产品进行累加。如图 2-12 所示。

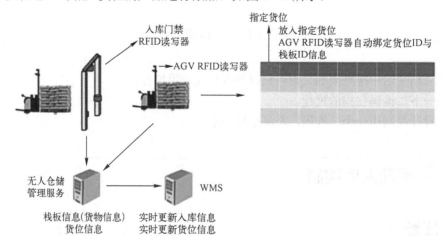

图 2-12　WMS 入库管理流程

博众 WMS 智能仓储系统的入库方式有两种：一种是 AGV 从生产线送来物料或已检测的产品，并从 1002 站台入库；另一种是人工手动将物流或待检产品搬至 1005 站台入库。如图 2-13 所示。

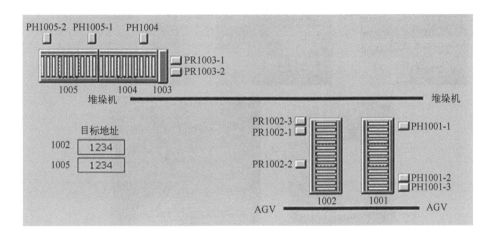

图 2-13　博众 WMS 智能仓储系统传输分布示意图

本次任务是实现人工手动从 1005 站台（即博众 WMS 智能仓储系统入库台）入库。该环节由滚筒链、二维码扫描器、挡板等组成。如图 2-14 所示。

图 2-14　博众 WMS 智能仓储系统入库台

手动入库流程：操作人员将贴有产品二维码的货物箱放入入货台的滚筒链上，并按下启动按钮，此时滚筒链开始转动并带动货物箱移动至扫描区时减速，当到达二维码扫描器前端时停止 5s，扫描器扫描货物箱上的产品二维码，识别货物信息并上传至 WMS，上位机进行分析判断进而做出下一步动作，如二维码有误，滚筒链反转使货物箱退回；若二维码正确，滚筒链继续运行，货物箱移动，直至移动到端口出货位置处，被竖起的挡板拦截停止，等待堆垛机取货，放置空余或货位处。如图 2-15 所示。

图 2-15 博众 WMS 智能仓储系统产品手动入库流程

📑 任务工单

任务名称	实施产品手动入库		任务成绩	
学生班级			学生姓名	
所用设备			教学地点	
任务描述	在智能物流仓储系统中，产品出库入库是货物管理的主要环节。通过本任务的学习，熟练使用博众 WMS 智能仓储系统对产品进行手动入库操作			
目标达成	1）正确使用智能仓储系统软件 2）掌握产品手动入库操作 3）能够应对产品入库过程中的意外并及时处理			
任务实施	学习步骤 1	认识博众 WMS 智能仓储系统入库台 		

（续）

任务实施	实践	1）找出博众 WMS 智能仓储系统入库台的设备和安装位置 2）分析入库台中各设备的功能
	学习步骤 2	产品手动入库
	实践	1）打印好产品二维码 2）将打印好的产品二维码贴在待入库的货物箱上 3）将货物箱手动搬至入库台的滚筒链上 4）按下启动按钮，观察设备运行情况，并完成过程记录
任务评价	1）自我评价与学习总结 2）任课教师评价成绩	

知识储备——入库安全保障

1. 入库应急事件处理

在智能仓储管理中如何应对系统故障、停机等特殊情况呢？

使用计算机进行智能仓储管理时，应有相应的操作规程，防止因系统故障、停机等特殊情况造成物料和产品的混淆和差错。一旦出现上述特殊情况，可以用冗余备份或者双机备份等方式来解决。最简单的方法是准备好应急电源，防止出现断电；系统崩溃非常少见，一般是计算机硬件的原因。

另外，传输线、堆垛机正在运行时，操作人员应该远离设备，防止受到伤害；当出现碰撞、卡壳等意外时，应立即按下急停按钮，然后由专业人员对设备进行维修和校正，故障排除后，方可继续进行操作。

2. 自动化立体仓库的安全保障

1）自动化立体仓库属于智能化装置，工作人员必须进行岗前培训，通过严格苛刻的考核标准之后，才能上岗操作。

2）严禁工作人员在运行工作中攀爬货架，更不可以随意移动货架等。

3）地面系统控制台在通电之前，工作人员需要检查不同的巷道是否存在异物、杂物以及阻碍物等，必须确保巷道畅通，才能让后续的运行更加有效率、有保障。

4）不同的运输设备运转时，自动化立体仓库的货架区域内严禁任何人进入。

5）除了在检修过程当中，其他任何时候不能有人站在载货台下方，否则容易发生安全事故，给工作人员的人身安全带来损害。

6）自动化立体仓库的工作温度必须保持在规定的标准范围内，如果工作温度不能达到规定的标准范围，则需要采取相应的措施，利用相关设备来满足温度条件。

7）根据环境以及使用情况，需要对自动化立体仓库进行定期检查。定期检查可以分步进行，尤其是针对不同的设备，只有定期检查才能发现存在损坏的元器件等，通过及时更换，可以避免更多不必要的损失。

8）在货物入库时，工作人员需要检查货物是不是存在变形、磨损等情况，如果发现不合格的货物，应该采取相应的处理方法。

3. 动力滚筒传输线使用及维护

动力滚筒输送机是一种应用于自动化总装生产线的输送设备，主要由机架、滚筒、电动机及传动系统等部分组成。根据产品工艺要求，运用电动机驱动，带动滚筒转动，实现对物品的输送功能。

（1）维护保养

本设备维护保养分一级维护保养和二级维护保养。其中一级维护保养指的是日常维护保养，主要由岗位工人完成，每天进行。

1）每天上班生产前检查有无物料、工具、杂物堆放在输送线上，是否影响正常运行。

2）每天下班前停机后，清除输送线各工作区在当天工作时留下的各种废渣。

二级维护保养由专人（专班）定期进行，一般1、2个月进行一次。

1）检查滚筒是否有弯曲。

2）检查滚筒、机架是否有弯曲变形，结构件连接螺钉是否松动，给予调整。

3）检查滚筒转动是否灵活，有无明显异常噪声。

4）检查链条是否松脱、滑落、断裂，如有断裂需及时更换。

5）检查电动机、减速机转动有无异常，温度是否过高。

（2）润滑

设备机械运动部件保持良好的润滑，是保证设备良好运行和正常寿命的基本前提。

1）每半年对减速箱润滑油进行检查或者更换。

2）每月对轴承进行加油。

（3）安全注意事项

1）在线体运行过程中，不要将手、脚伸入滚筒之间，否则可能出现伤害事故。

2）禁止将工具、杂物放在线体上。

3）放置工件（工装板）至输送线上时，应轻放在线体中部，避免强硬冲击损伤滚筒表面。

4）员工岗前应经过安全知识培训且培训合格。

巩固训练

1. 实践手动入库操作，并总结归纳博众 WMS 智能仓储系统手动入库操作的流程。

2. 思考一下，入货台上挡板的作用是什么？

3. 入库台中的传输线是靠什么驱动的？

4. 信息扫描设备安装在入库台的什么位置？

任务2.3 自动入库控制

工作任务

1. 工作任务描述

掌握博众 WMS 智能仓储系统中通过系统软件自动从仓储货架取出待检物品进入待检箱的操作。

2．学习目标

1）能力目标：能够通过系统软件进行自动入库操作，并经 AGV 辅助完成。

2）知识目标：了解智能仓储系统的自动入库流程、软件操作和工作过程。

3）素质目标：培养仔细做事、独立思考的职业素养，培养正确表达自己思想的能力。

3．教学组织设计

1）学生角色：操作者。

2）教学情境：企业生产部、设备维护部。

3）教学材料：学习参考材料、安全操作规范。

4．教学过程

1）任务导入。

2）必备知识：安全操作规范。

3）技能训练：博众 WMS 智能仓储系统产品自动入库。

4）成果交流：小组讨论、交流。

5）教师点评：各组改进、作业。

📚 知识储备——自动入库流程

1．产品自动入库待检流程

任务 2.2 学习了手动入库的操作流程，本任务了解博众 WMS 智能仓储系统的自动入库待检功能，即根据上位机系统加工调度指令，堆垛机自动从相应货位中取出原料送至出货台（1001 站台），然后通过滚筒链传送给 AGV 进行下一步搬运操作。如图 2-16 所示。

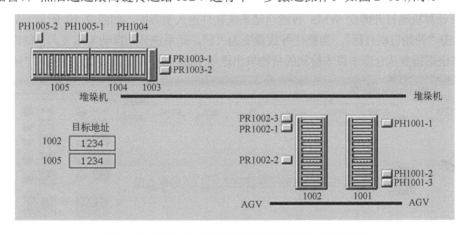

图 2-16　博众 WMS 智能仓储系统传输分布示意图

1001 站台（即入博众 WMS 智能仓储系统出货台）由滚动传输线、多个光电接近开关等组成，是衔接立体仓库和 AGV 的纽带。如图 2-17 所示。

AGV 从仓储系统的出货台接收到原料，沿磁道条轨迹运行至检测站点前的入货台，当检测开关检测到货物入库后，根据工作流程机械手臂开始工作，如图 2-18 所示。

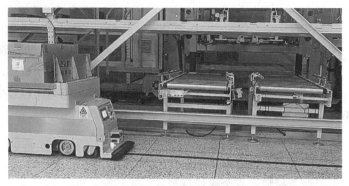

图 2-17 博众 WMS 智能仓储系统出货台

图 2-18 待检测货物自动入库

2. 软件操作过程

首先在计算机端打开博众 WMS 智能仓储系统软件进入主界面，如图 2-19 所示，显示当前任务为 0，单击"开始自动打标"，当前任务数量变为"1"，即系统开始自动入库（入仓储库）中，这时堆垛机将根据指令从仓库中将未检测的货物取出送至 1001 站台，如图 2-20、图 2-21 所示。

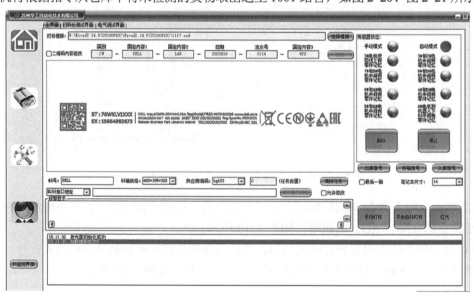

图 2-19 博众 WMS 智能仓储系统主界面

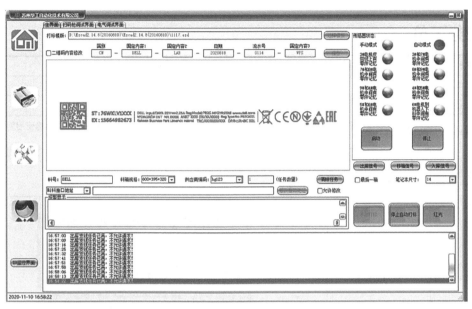

图 2-20 博众 WMS 智能仓储系统自动入库任务操作

a) AGV 等待货物

b) 货物交接

c) AGV 接收货物中

d) AGV 搬运货物

e) 货物搬运至待检工位

f) 货物入库待检

图 2-21 博众 WMS 智能仓储系统产品自动入库流程

📝 任务工单

任务名称	实施产品自动入库待检		任务成绩	
学生班级			学生姓名	
所用设备			教学地点	
任务描述	在智能物流仓储系统中，产品自动入库是货物管理的主要环节。通过本任务的学习，熟练使用博众 WMS 智能仓储系统对产品进行自动入库待检操作			
目标达成	1）能够正确使用智能仓储系统软件 2）掌握产品自动入库操作 3）能够应对产品入库过程中的意外并及时处理			
任务实施	学习步骤1	认识博众 WMS 智能仓储系统出货台 		
	实践	1）找出博众 WMS 智能仓储系统出货台设备构成和安装位置 2）分析各光电接近开关的安装位置及作用		
	学习步骤2	产品自动取货入库待检		
	实践	1）确定检测工作安排 2）操作系统软件，启动自动取货入库待检指令 3）观察设备运行情况，并完成过程记录		
任务评价	1）自我评价与学习总结 2）任课教师评价成绩			

📖 知识储备——自动出入库

1. 自动出入库应急事件处理

在智能仓储管理中如何应对系统故障、停机等特殊情况呢？

1）当计算机出现死机等问题时，可以关机重启，使系统运行正常。

2）堆垛机在抓取货物时，如果与货架发生碰撞，应及时按下急停按钮，并手动调整堆垛机各方向的位置，确认无误后，系统恢复，正常运行。

需要注意的是，系统在运行过程中，工作人员应远离设备，注意用电安全。

2. RFID 立体仓库出入库智能引导系统

（1）系统介绍

RFID 立体仓库出入库智能引导系统是北京鼎创恒达智能科技有限公司基于RFID物联网、云计算、GIS 等技术，专门为中大型立体仓库量身定制的集叉车定位引导、货品智能仓储于一体的仓储综合管理平台。

该系统应用物联网 RFID 技术，构建了拥有叉车作业智能引导、实时定位、历史轨迹回放、远程查询等多种功能的智能化仓库管理体系，对货品出入库、上架、顺架等工作形成全方位管理，极大提高了货品出入库的作业效率，有效降低了人工成本，同时实现了货品的合理化分类与智能出库，进一步减少了库内乱放现象，避免了货品积压；另外，系统利用无线网络完成了叉车移动工作站与管理中心系统的数据交互，管理人员可以实时对库内叉车作业状况进行远程查看。

（2）系统特点

利用物联网 RFID 技术、GIS 技术、云计算，实现了库房叉车作业可视化定位管理，便于更安全高效的管理库内货品。

通过叉车作业智能引导，极大地减轻叉车操作人员的作业难度，使库房货品摆放状况更加规整，提高了效率与准确率，降低了人工成本。

通过无线网络技术，实现了远程对库内叉车作业情况的实时可视化查看，加强了库房叉车作业的管理力度。

通过可视化查询界面使库内叉车作业、货品存放状态更加直观化、有利于提高库房管理的工作效率，减少人为失误。

移动工作站采用触控操作，操作形式更加简单便捷。

系统提供多种灵活的第三方接口，与第三方应用系统无缝连接。

3. 光电开关的多场所应用

（1）光电开关在物流传输线上的应用

光电传感器作为自动化设备上不可缺少的"感觉器官"已经在物流传输线上得到了广泛应用，在判断工件有无、尺寸检测、堆放高度检测、液位控制、产品计数、质量检查、定长剪切、小物料检测等方面起到了相当重要的作用。如图 2-22 所示。

图 2-22 光电开关在物流传输线上的应用

（2）物料有无检测上的应用

光电传感器被广泛用于检测物料有无。如在机床自动加工生产线上，物料在上料输送线上传送，漫反射或者对射型光电传感器被固定在上料线出口侧，当物料进入检测区域，挡住了发射器发出的光束，开关触发，反馈给控制系统一个信号，从而给上料机械手一个有料指令，机械手执行上料动作。如图 2-23 所示。

图 2-23　光电传感器

（3）尺寸检测上的应用

反射板型传感器对经过其检测区域内的物料盒子通过计算脉冲持续时间来判断盒子的长度。如图 2-24 所示。

图 2-24　反射板型传感器

（4）物料堆放高度检测上的应用

通过在输送线两旁设置每层物料对应高度的对射型光电传感器，可以检测某层物料的高度。若干个光电传感器叠加放置，检测距离可达几米。如图 2-25 所示。

图 2-25　对射型光电传感器

（5）液位控制上的应用

在饮料传输线的两侧安装带光纤的漫反射光电传感器，形成对射，检测透明瓶体中的液位，如果在设定的传感器所在高度没有液体，开关不会触发。如图2-26所示。

图2-26 漫反射光电传感器

（6）产品计数及质量检验上的应用

在光电传感器内配上计数器，光电传感器便具有了计数功能。如纸张数量检测、通过物流线的啤酒数量检测等。如图2-27所示。

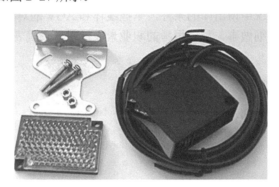

图2-27 带计数器的光电传感器

 巩固训练

1. 在博众WMS智能仓储系统中，产品自动取货入库待检的操作步骤是什么？
2. 简述自动出入库应急事件的处理步骤与注意事项。
3. 光电开关的安装位置及其作用是什么？
4. 产品自动入库流程是在整个自动检测线的哪个环节？

项目三　产品智能出库

任务 3.1　系统申请出库

📖 工作任务

1. 工作任务描述

学习系统申请出库的工作过程。

2. 学习目标

1）能力目标：理解线体和 AGV 的对接过程。
2）知识目标：理解系统申请出库的条件，掌握线体和 AGV 的对接过程。
3）素质目标：培养仔细做事、独立思考的职业素养，培养正确表达自己思想的能力。

3. 教学组织设计

1）学生角色：操作者。
2）教学情境：企业生产部、设备维护部。
3）教学材料：学习参考材料、安全操作规范。

4. 教学过程

1）任务导入。
2）必备知识：安全操作规范。
3）技能训练：上位机参数及线体和 AGV 对接。
4）成果交流：小组讨论、交流。
5）教师点评：各组改进、作业。

📚 知识储备——系统出库流程

WMS 是一款标准化、智能化的过程导向管理的仓库管理软件，它结合了众多知名企业的实际情况和管理经验，能够准确、高效地管理、跟踪客户订单和采购订单，以及进行仓库的综合管理。使用 WMS 后，仓库管理模式将发生彻底转变。从传统的结果导向转变为过程导向；从数据录入转变成数据采集，同时兼容原有的数据录入方式；从人工找货转变成导向定位取货；同时引入了监控平台，让管理更加高效、快捷。条码管理实质是过程管理，过程精细可控，结果自然正确无误。

WMS 的功能包括货位管理、产品质检、产品入库、物料配送、产品出库、仓库退货、仓库盘点、库存预警和质量追溯。

其中，产品出库的工作过程为：产品出库时仓库保管人员凭销售部门的提货单，根据"先入先出"原则，从系统中找出相应产品数据下载到采集器中，制定出库任务，到指定的货位，先扫描货位条码（如果货位错误则采集器会报警），然后扫描其中一件产品的条码，如果满足出库任务条件则输入数量执行出库，并核对或记录运输单位及车辆信息（以便以后产品跟踪及追溯使用），否则采集器可报警提示。

1. 登录博众 WMS 智能仓储物流管理系统

在服务器端打开浏览器，在地址栏输入：192.168.2.2：88，进入博众 WMS 智能仓储物流管理系统的登录界面，输入登录名和密码，单击"登录"，进入智能仓储物流管理系统主界面。

2. 系统申请出库的条件

系统申请出库的条件为：自动检测入库；物料入箱。

物料由机械手臂进行装箱，物料装满料箱，并且料箱有确定的任务号。如图 3-1 所示。其中料号为"DELL"，料箱规格为"600×395×320"，供应商编码为"hg123"，任务数量为"1"。此时开始自动检测出库。

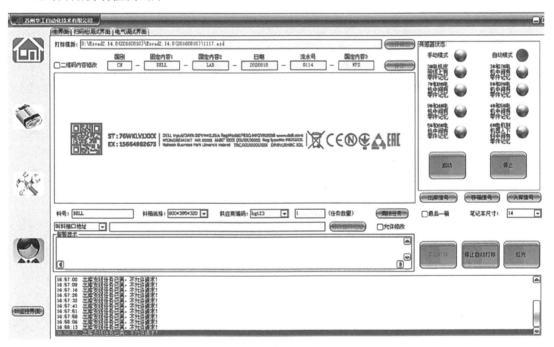

图 3-1　料箱任务号

3. 系统申请出库的工作过程

当满足系统申请出库的条件后，系统自动通知 AGV 取料，此时 AGV 开始工作，如图 3-2 所示。同时，线体上的阻挡 2#气缸动作，料箱沿输送带传输，当光电开关检测到箱体时，如图 3-3 所示，延迟一定时间，到达下料阻挡 3#气缸位置后自动停止，等待 AGV 取料，如图 3-4 所示。

图 3-2　AGV 工作

3-1
系统申请出库

图 3-3　光电开关

图 3-4　待出库料箱

光电开关利用被检测物体对光束的遮挡或反射，由同步回路接通电路，从而检测物体的有无。物体不限于金属，所有能反射光线（或者对光线有遮挡作用）的物体均可以被检测。光电开关将输入电流在发射器上转换为光信号射出，接收器再根据接收到的光线的强弱或有无对目标物体进行检测。

当 AGV 到达输送带下料口位置时，发送 AGV 到位信号，如图 3-5 所示。AGV 上物料传感器获得到位信号，上位机向线体发送放料允许信号，线体收到信号后，下料阻挡 3#气缸动作，料箱传输到 AGV 上，如图 3-6 所示。

图 3-5　AGV 到位

图 3-6　料箱传输到 AGV 上

AGV 上的传感器确认有物料时，通过上位机向线体发送放料完成信号，待线体确认完成后，AGV 上绿色信号灯点亮，此时 AGV 载料箱开启运行，如图 3-7 和图 3-8 所示。

图 3-7　AGV 载料箱开启运行信号

图 3-8　AGV 载料箱出库

AGV 载料箱开启运行出库后，上位机控制信号中，任务数量由 "1" 变为 "0"，表明待出库的 1 件物料已出库，目前没有待出库的物料，如图 3-9 所示。至此，系统申请出库任务完成。

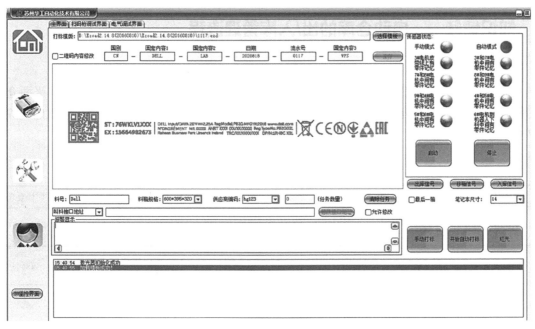

图 3-9　上位机系统申请出库完成

任务工单

任务名称	系统申请出库		任务成绩	
学生班级			学生姓名	
所用设备			教学地点	
任务描述	料箱入库后，上位机系统中显示有入库信息，当物料装满箱以后，系统会自动申请出库。通过本任务的学习，了解系统申请出库的条件，掌握系统申请出库的工作过程，熟练掌握系统申请出库中典型故障的排除方法与技能			
目标达成	1）明确系统申请出库的条件 2）掌握系统申请出库工作过程 3）掌握典型故障的排除方法			
任务实施	学习步骤 1	系统申请出库的条件		
	自测	系统申请出库的条件是什么		
	学习步骤 2	系统申请出库的工作过程		
	自测	线体如何与 AGV 对接		
	学习步骤 3	典型故障与排除方法		
	1）典型故障描述 料箱在线体上的传输故障 2）典型故障的排除方法 检查线体上的阻挡气缸、传感器，对故障原因做出判断 借助硬件诊断工具，如万用表			
任务评价	1）自我评价与学习总结 2）任课教师评价成绩			

知识储备——自动仓库的出/入库管理流程

1. 仓库作业管理

自动化仓库的作业管理是负责合理安排出/入库作业，完成立体仓库在生产线与平面仓库（或其他供料系统）之间运送物料的任务。其作业流程为毛坯出库、成品回库、毛坯入库、成品出库，见表 3-1。

表 3-1 仓库作业管理流程表

作业名称	功能说明	堆垛机起止地址	控制信息来源	实时性要求
毛坯出库	将生产所需毛坯送出立体仓库，入生产线	立体仓库货位 仓库缓冲站出口	单元报警器（报文）	高
成品回库	将装夹站送回的成品/毛坯取回立体仓库	仓库缓冲站入口 立体仓库货位	仓库缓冲站条码阅读器	较高
毛坯入库	将毛坯/标准件/空托盘取入立体仓库储存、准备	平面仓库入库台 立体仓库货位	平面仓库控制器（条形码阅读器）	一般
成品出库	将要销售的成品/标准件送回平面仓库	立体仓库货位 平面仓库出库台	平面仓库	低

（1）入库与出库任务

入库与出库任务是立体仓库作业的主要内容。出/入库的物料有毛坯和成品。

1）毛坯出库任务。为了满足生产线加工的实时需要，将所需的毛坯送至指定的缓冲站。其出库申请来自缓冲站（加工缓冲站或工位缓冲站）。出库申请提出对物料品种、型号、数量以及供料时限的要求。接到申请后，立体仓库结合当前库存情况查询到所需物料的货位（通常不止一个），根据货位管理原则（见 3.3 节）确定出库的货位号，并立即形成毛坯出库任务（出料货位号、供货最低时限、出库台号等）。

2）成品回库任务。当加工好的成品回到立体仓库的入库台前时，条码阅读器将成品的信息（编号、数量等）读入，并提出入库申请。立体仓库结合当前货位情况，根据货位管理原则为该成品寻找合适的空货位，同时形成成品回库任务单。

3）毛坯入库任务。通过入库条码阅读器得到毛坯入库任务单。其入库任务形成过程与成品回库相同。

4）成品出库。MRPII 制订提货计划并通知立体仓库后，根据厂外提货计划确定成品出库的时间、数量、种类等，立体仓库按照计划要求，确定每一个待出库成品的货位号，并形成出库任务单。

（2）出/入库作业调度

出/入库作业调度负责合理调度堆垛机完成出/入库作业任务，是物流系统满足实时性要求的关键。

为了实现合理调度，一方面需要有合理的数据和信息作依据，另一方面要有合理的调度原则和算法。在调度堆垛机时，需要获得表 3-2 的数据和信息作为参考依据，并在分析这些数据和信息的基础上根据调度原则执行调度。

表 3-2　堆垛机调度参考数据和信息

序号	参考数据和信息
1	出库任务最迟送达生产线时刻
2	入库任务申请时刻
3	出/入库任务所需执行时间
4	出/入库任务堆垛机平均执行时间
5	估算出/入库任务完成时刻的安全系数
6	运输小车故障及恢复信息

运输任务包括已下发未完成的运输任务及未下发的运输任务。出/入库作业调度主要是安排各出/入库任务的开始执行时刻。由于堆垛机是执行出/入库任务的主要设备，因而制定调度原则时主要应考虑堆垛机任务的执行情况，掌握堆垛机的任务执行顺序。

在线自动仓库堆垛机执行任务一般遵循以下调度原则：

1）优先执行出库任务。在同时存在数条出库任务时，最紧急者先执行。

2）当入库任务的执行不影响任何出库任务的按时完成时方执行入库任务。出库优先入库并非因为入库不重要，而是由于一般企业生产，可以把入库安排在班后进行。而在生产班次上入库只插空进行。

3）若某一出库任务的终点工位缓冲站所在小车环线有故障时，暂不执行该出库任务，或将该出库任务的终点改至出库台。

调度原则确定后，通过一定的算法，可计算出各任务的执行时刻。

首先将任务排队。对每台堆垛机设入库任务队列，入库任务按申请时刻排队，每次下发队头任务，出库任务按以下公式计算出的最迟执行时刻排序，即

最迟执行时刻＝最迟送达缓冲站时刻-（出库任务所需执行时间×估算出库任务预计完成时刻的安全系数）

然后再通过如下方法加以调整。若相邻两个出库任务的最迟执行时刻之差小于堆垛机平均作业时间，则提前前一任务的最迟执行时刻，使其差距为堆垛机平均作业时间。循环操作直至所有任务的最迟执行时刻的差距不小于堆垛机平均作业时间。

（3）优先级设置

物流系统各项作业的实时性要求不同，因此对物流作业管理应考虑设置优先级。毛坯出库直接影响生产线加工，因此实时性要求高。成品回库影响装夹工作站的工作，实时性要求也较高。毛坯入库和成品出库实时性要求较低。由于作业的产生互不关联，因此同时产生多种请求的可能性很大。在自动仓库作业中，排序原则应该是在保证实时性高的作业优先执行的前提下，合理安排其他作业。也就是采用基于优先级的作业管理原则。

基于优先级的作业管理原则包含两个内容：

1）作业调度时，按优先级顺序服务，以保证总是首先响应当前优先级最高的作业任务，亦即实时性要求最高的作业任务。如在所有的作业任务中，首先响应缓冲站提出的出库申请。

2）考虑到有的作业执行时间较长或很多情况下为提高效率采取联合作业，这样仍会有优先

级最高的任务受到延误的可能。所以在作业执行时，还会采取"可中断抢先"的原则。即在作业执行时，将作业任务分为若干执行单元。如堆垛机的一次出/入库任务，从入库台取货存入指定货位、另一货位取货到放到出库台，可以分成取-存和存-取两个执行单元。每一作业执行单元完成后，都再次进行作业调度，从而保证优先级较高的作业任务可以抢先中断尚未完成的、级别较低的作业任务而执行。待抢先的任务完成后，再继续执行被中断的、尚未完成的作业任务。当然，这个级别高的任务也可能被级别更高的作业任务抢先中断。

（4）出/入库联合作业

为了提高存取效率，一般避免单项出库，而多采用出/入库联合作业。

在有多项出库和入库申请时，适当把出库任务与入库任务进行优化组合，使满足条件的出库任务和入库任务组合成出/入库联合作业任务，可缩短存取周期，提高存取效率。

在出库台和入库台设在仓库的同一端时，最简便的做法是使入库申请与出库申请分别排序，将第一个出库作业与第一个入库作业组合为一个联合作业任务。这种组合一般情况下在效率上都不会有损失。

当立体仓库的出库台与入库台分设在仓库两端，则需考虑入库货位的位置与出库货位的位置。原则上，选取入/出库同时作业时，堆垛机在巷道中运行路径不重复或重复路线最短。

2. 货位管理

对自动化立体仓库的货位进行管理，就是要合理地分配和使用货位，既考虑如何提高货位的利用率，又要保证出库效率。

货位分配包含两层意义，一是为出/入库的物料分配最佳货位（因为可能同时存在多个空闲的货位），即入库货位分配；二是要选择待出库物料的货位（因为同种物料可能同时存放在多个货位里）。

货位分配考虑的原则很多。专门用于仓储的立体仓库，其货位分配原则为：

1）货架受力情况良好；上轻下重；即重的物料存在下面的货位，较轻的物料存放在高处的货位，从而使货架受力稳定；

分散存放，即物料分散存放在仓库的不同位置，避免因集中存放造成货架受力不均匀。

2）加快周转，先入先出。同种物料出库时，先入库者先提取出库，以加快物料周转，避免因物料长期积压产生锈蚀、变形、变质及其他损坏造成的损失。

3）提高可靠性，分巷道存放。仓库有多个巷道时，同种物料分散在不同的巷道进行存放。以防止因某巷道堵塞影响某种物料的出库，造成生产中断。

4）提高效率，就近入/出库。在线自动仓库，为保证快速响应出库请求，一般将物料就近放置在出库台附近。

3. 自动仓库出库工作流程

自动仓库出库工作流程如图 3-10 所示，自动仓库出库工作流程包括生成出库需求、核对出库货物、货物出库三步。具体地，仓储主管接到业务部出库或客户请求后，将信息输入仓储管理系统，系统生成出库单，自动仓库确定每一个待出库货物的货位号，并形成出库任务单，仓储人员利用系统调度堆垛机对出库作业进行合理调度，利用堆垛机执行备货、理货工作，出库终端对货物条码进行扫描出库，仓储人员核实无误后，确认出库货物，货物出库后，仓储管理系统对出库数据库系统进行自动更新。

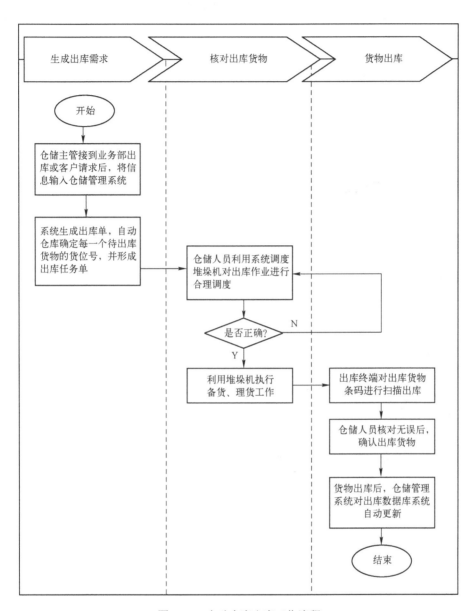

图 3-10 自动仓库出库工作流程

巩固训练

1. 自动仓库的出库要求是什么?

2. 上位机的参数配置具体是什么?

3. 简述自动仓库出库的工作流程及注意事项。

4. 光电开关的特点是什么?

5. 根据货物出库要求的"三不、三核、五检查"完成表 3-3。

表 3-3　货物出库要求

"三不"	"三核"	"五检查"		
未接单据不翻账	核实凭证	对单据和实物要进行品名检查		
未经审单不备货	核对账卡	（　　　）检查		
未经（　　）不出库	核对（　　　）	（　　　）检查		
		件数检查		
		重量检查		
严格执行各项规章制度，提高服务质量，杜绝差错事故，使顾客满意				

任务 3.2　人工手动出库

工作任务

1. 工作任务描述

学习人工手动出库的设置。

2. 学习目标

1）能力目标：正确设置人工手动出库参数。

2）知识目标：了解各参数的含义，掌握人工手动出库的设置方法。

3）素质目标：培养仔细做事、独立思考的职业素养，培养正确表达自己思想的能力。

3. 教学组织设计

1）学生角色：操作者。

2）教学情境：企业生产部、设备维护部。

3）教学材料：学习参考材料、安全操作规范。

4. 教学过程

1）任务导入。

2）必备知识：安全操作规范。

3）技能训练：人工手动出库的设置。

4）成果交流：小组讨论、交流。

5）教师点评：各组改进、作业。

知识储备——人工手动出库方法与设置

1. 商品出库的基本要求

商品出库必须符合以下规定和要求：

1）出库凭证、手续必须符合要求。

2）严格遵守仓库有关出库的各项规章制度。

3）贯彻"先进先出"的原则。

4）组织好货物发放工作。

5）提高服务质量，满足用户要求，保证货物安全出库。

2．货物出库的基本方法

1）出库前准备。为了使货物出库迅速、加快物流速度，仓库在出库前应安排好出库的时间和批次。同时做好出库场地、机械设备、装卸工具及人员的安排。

2）核对出库凭证。仓库发放货物必须有正式的出库凭证。物流保管人员在接到发货通知后，经仔细核对，检查无误后方可备货。

3）备货。物流保管人员按照出库凭证上的要求进行备货。规定发货批次者，按规定批次备货；未定批次的，按"先进先出"的原则备货。

4）复核。为防止差错，在备好货后必须再度与出库凭证核对出库货物的名称、规格、数量等，以保证出库的准确性。

5）点交。在货物复核无误后即可出库。发货时应把货物直接点交给提货人，办清交接手续。若是代运，则需向负责包装和运输的部门点交清楚。

3．货物出库程序

出库作业程序是出库工作顺利进行的基本保证，为防止出库工作失误，在进行出库作业时必须严格履行规定的出库业务工作程序，使出库有序进行。货物出库的程序包括出库前准备、审核出库凭证、出库信息处理、拣货、分货、出货检查、包装、刷唛、点交和登账工作。

1）出库前准备。通常情况下，仓库调度在货物出库的前一天接到送来的提货单后，应按去向、船名、关单等分理和复核提货单，及时、正确地编制有关班组的出库任务单、配车吨位、机械设备等，并分别送给机械班和保管员或收、发、理货员，以便做好出库准备工作。

2）审核出库凭证。审核出库凭证的合法性、真实性；手续是否齐全，内容是否完整；核对出库商品的品名、型号、规格、单价、数量；核对收货单位、到站、开户行和账号是否齐全和准确。

3）出库信息处理。出库凭证经审核确实无误后，将出库凭证信息进行处理。

4）拣货。拣货是依据客户的订货要求或仓储配送中心的送货计划，尽可能迅速地将货物从其储存位置或其他区域拣取出来的作业过程。拣取过程可以分为人工拣货、机械拣货和半自动与全自动拣货。

5）分货，也称为配货作业，即根据订单或配送路线等的不同组合方式进行货物分类工作。分货方式主要有人工分货和自动分类机分货两种。

6）出货检查。为了保证出库货物不出差错，在配好货后企业应立即进行出货检查。将货品一个个点数并逐一核对出货单，进而查验出货物的数量、品质及状态情况。

7）包装。出库货物包装主要分为个装、内装和外装三种类型。包装根据商品外形特点、重量和尺寸，选用适宜的包装材料，应便于装卸搬运。

8）刷唛。在包装完毕后，要在外包装上写清收货单位、收货人、到站、本批商品的总包装件数、发货单位等。字迹要清晰，书写要准确。

9）点交。出库货物无论是要货单位自提，还是交付运输部门发送，发货人员必须向收货人或运输人员按车逐一交代清楚，划清责任。

10）登账。在点交后，保管员应在出库单上填写实发数、发货日期等内容并签名。然后将出库单同有关证件及时交给货主，以便货主办理结算手续。保管员根据留存的一联出库凭证登记实物储存的细账，做好随发随记，日清月结，账面金额与实际库存和卡片相符。

4．人工手动出库设置

在浏览器中输入网址：192.168.2.2：88，打开博众 WMS 智能仓储物流管理系统登录界面，输入用户名和密码，单击"登录"，进入主界面。

单击功能栏中的"业务管理"，在左侧"菜单功能"列表中出现四个菜单功能，分别为"标签列印""来料拆箱""库存出库"和"归还装箱"。如图 3-11 所示。

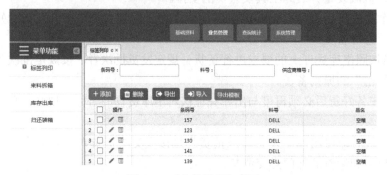

3-2
人工手动申请
出库

图 3-11 "业务管理"界面

单击"标签列印"，查看系统中已有的料号标签信息，如图 3-12 所示。

图 3-12 "标签列印"界面

单击菜单"库存出库"，申请手动出库，如图 3-13 所示。

图 3-13 "库存出库"界面

出现"库存出库"列表信息，显示待出库的物料信息，单击查看各物料的库存状态，如图 3-14 和图 3-15 所示。

图 3-14 "库存出库"列表信息

图 3-15 查看物料的库存状态

在"库存出库"列表信息中，选择库存状态为"已检测在库"的物料，申请出库，以第一个物料（规格"600×365×290"，WMS 标签"124"）为例申请出库，如图 3-16 所示。

勾选第一个库存在库物料，单击"确认出库"，如图 3-17 所示，在确认出库提示框中，单击"确定"，完成手动申请出库，如图 3-18 所示。

图 3-16　勾选申请出库的物料

图 3-17　单击"确认出库"

图 3-18　确认出库提示框

对库存在库的第一个物料完成手动出库申请后，PLC 控制系统控制堆垛机运行到申请出库的第一个物料所在的定位坐标货架，取物料，把物料放到载货台上运送到输送带上，输送带的光电传感器检测到物料后，启动运行，当出口处的光电传感器检测到物料时，输送带停止工作。如图 3-19 和图 3-20 所示。

图 3-19　堆垛机取待出库物料

图 3-20　输送带输送待出库物料

任务工单

3-3
手动出库

任务名称	人工手动出库		任务成绩	
学生班级			学生姓名	
所用设备			教学地点	
任务描述	产品出库有两种方式，一是系统申请出库，二是人工手动申请出库。通过本任务的学习，了解人工手动申请出库的方法及操作步骤，熟练掌握人工手动出库过程中典型故障排除的方法与技能			
目标达成	1）掌握人工手动出库申请方法 2）理解人工手动出库工作过程 3）掌握典型故障与排除方法			
任务实施	学习步骤 1		人工手动出库申请的方法	
	自测		如何查看物料的库存状态	
	学习步骤 2		人工手动出库申请的步骤	
	自测		指定一个待出库物料（A004004004），人工手动申请出库操作	
	学习步骤 3		典型故障与排除方法	
	1）典型故障描述 堆垛机取待出库物料故障 2）典型故障的排除方法 查阅堆垛机设备故障手册，对故障原因做出判断 借助硬件诊断工具，如万用表 观察堆垛机所使用的一些主要部件，如报警指示灯，控制面板，触摸屏等；观察当前的工作状态及报警信息			
任务评价	1）自我评价与学习总结 2）任课教师评价成绩			

能力拓展——出库流程

在自动化物流中心的运转中，合理科学的作业流程是提高工作效率的关键，如图 3-21 所示。

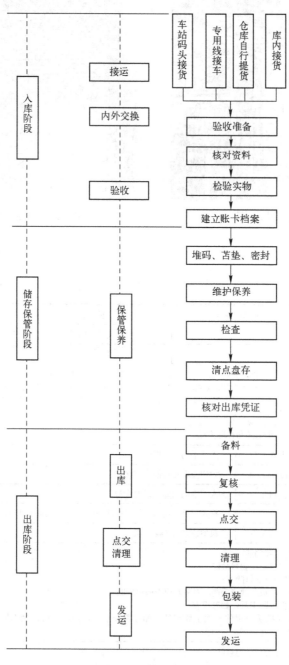

图 3-21　作业流程

出库是仓储作业的最后一步，也是最重要的一步，是仓储企业进行货物流转的终点站。出库环节的对外作业主要是从客户取得货物订单，然后按客户订货要求进行订单处理、分拣、组配、发货，直到实际将货物运送至客户手中为止，都是以客户为服务对象；在货物发货后将应收账款、账单传递至财务会计系统。出库作业流程如图 3-22 所示。

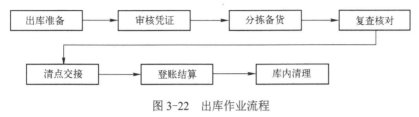

图 3-22 出库作业流程

1. 出库原则及问题

1）只有凭符合财务制度要求的有法律效力的出库单据，才能出库。坚决抵制不合法的单据（如白条）和不合法的做法（如电话通知、短信、传真），杜绝凭信誉出库，抵制特权人物的任意行为。

2）出库凭证有涂改、复制、模糊、收货单位与提货人不一致、各种印鉴不合规定、超过提货有效期的单据、单据重复打印出库等情况时，库管员应保持高度警惕，不能得过且过，要及时联系货主并查询单据的合法性，保护货主和公司的财产不受侵犯。

3）出库不能当天办完、需要分批处理的，应该办理分批处理的手续。

4）先备货、后复核、再发货。通过备货，业务人员可以预先了解是否缺货、是否有质量问题及是否可以调货，并提前解决问题或打印退货单，及时与客户沟通。库管员提前收到出库单、订单时，可以提前准备，提高出库工作效率，并且备完货后可以二次清点总数，检查是否漏配、是否多配，减少出现差错的机会。

5）复核人员要用不同的人，用不同的方法，双人签字才能出库，单人无权将货物提出库。

6）先进先出。有批号要求的严格按批号发货，并在发货记录上登记批号的区间，当产品跨区域串货时，能够根据发货批号查到经销商；没有批号要求的，按"先进先出"原则发货，同时要做到保管条件差的先出，包装简易的先出，容易变质的先出，有保管期限的先出，循环回收的先出。

7）对于近效期产品、失效产品、变质产品、没有使用价值的产品，在没有特殊批准的情况下，坚决不能出库，当然应销毁或者作为废品处理的例外，不能以次充好。

8）出现盘盈盘亏时，不能为了不被发现、不被处罚，就在发货入库时暗地里串货调整，给供应商和客户带来麻烦和损失。

9）为了处理销售、出口等紧急情况，仓储部最高管理者可以在职权范围内特事特办。如已经有出库单，但货不全或型号开错需要调货，这时再开返单重新出库，可能客户就不能接受，这就需要仓储部能灵活处理，在等值情况下，先调货发货，后补手续，但库管员未经授权不能自行操作。

10）当未入库验收、未办理入库手续时，原则上暂缓发货。

11）如果将出库凭证遗失，客户应及时向仓库和财务挂失，将原凭证作废，延缓发货；如果挂失前货物已经被冒领，库管员不承担责任。

2. 出库流程

出库流程如图 3-23 所示。首先由客户的发货单生成发货通知单，即接受出库指令；然后仓库主管收到发货通知单后，审核发货通知单，签发出库单；接下来核对出库单，拣货备货，出库人员按照装运需求进行包装，并且添加收货人标识；为避免货物出错，出库人员对备好的货物进行复核；出库人员和提货人员再次复核无误后，办理相应的交接手续，在发货单上签名后货物出库；最后，货物出库后，出库人员做相应的出库记录。

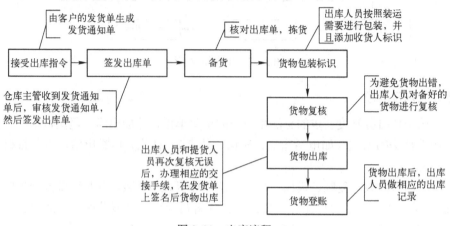

图 3-23　出库流程

3. 出库业务

出库业务主要包括接受出库指令、签发出库单、备货、货物包装标识、货物复核、货物出库、货物登账七个过程。

（1）接受出库指令

销售部门接收到客户订单，要求出货。销售人员对客户发送的订货单的时间、签名是否完整、正确性进行审核，审核通过后签发货单，如图 3-24 所示。

编号：

客户名称：　　　　　　　　　　　　　　　　发货日期：

发货仓库：　　　　　　　　　　　　　　　　仓库地址：

货号	品名	规格	牌号	国别及产地	包装及件数	单位	数量	单价	总价	金额
危险品标志章		运费			包装押金					
		金额	（大写）＿＿佰＿拾＿万＿仟＿佰＿拾＿元＿角＿分（小写）￥：							

审核：　　　　　　　　　　　　　　　　　　制单：

本单一式三联。第一联：销售部门；第二联：财务部门；第三联：客户。

图 3-24　发货单

销售部门制作发货通知单给仓库，如图 3-25 所示。仓库部门收到发货通知单后对其准确性、签名进行复核，复核通过后，准备客户的货物出库。

货号	品名	规格	牌号	单位	数量	说明
						□ 销货
						□ 样品
						□ 检验
						□ 其他

通知单号：

客户：　　　　　　　　　　　　　　　　发货日期：

财务审核：　　　　　　　　　　　　　制单：

图 3-25　发货通知单

（2）签发出库单

在实际信息中会添加货物调配，货物调配就是对需要出库的货物根据规定的出库原则进行预出库处理，包括调配和还原两部分（还原是取消原来的货物调配方案）。货物出库分为包括运输的出库和不运输单独出库两种调配方式。

货物调配必须先经过发货单等出库指令，如果货物出库时需要运输，还必须进行车辆的分配，如一车多单或一单多车的车辆分配处理。货物调配包括自动分配和人工分配。

（3）备货

出库凭证经复核无误后，库管员按其所列的项目内容和凭证批注，与编号货位进行核对，核实后核销物资明细卡的存量，按规定的批次备货。

1）拣货：按照出库单所列货物的货位，找到该货位，按规定要求和"先进先出"等原则将货物拣选出来。

2）核对：按照货位找到相应的货物后，库管员要一一核对货和单是否相符。

3）点数：出库管理人员要仔细清点出库货物的数量，防止出现差错。

4）搬运：将要出库的货物预先搬到指定的备运区，以便能及时装运。

（4）货物包装标识

仓库理货员要清理原包装、清除积尘、沾物。对原包装已残损的，要更换包装。为方便收货方的收转，理货员要在应发物资的外包装注明收货方的简称。注意：粘贴标签必须牢固，便于物流的周转。

（5）货物复核

出库复核人员按照出库凭证上所列的项目，对在备运区待出库的货物品名、规格、数量进行再次核对，以保证货物出库的准确性。复核的具体内容有：

1）对备运区分堆的货物进行单货核对，核对工作必须逐车、逐批次地进行，以确保单货数量、流向等完全相符。

2）检查待运区货物的包装是否符合运输及客户的要求。

3）防振防潮的物资，检查衬垫是否稳妥，密封是否严密。

（6）货物出库

货物出库主要分为提货和送货两部分。

1）提货人到仓库提货。提货人到仓库提货，库管员会同提货人共同验货，逐件清点，经复核无误后，将货物交给提货人。提货人清点无误后，提货人和库管员共同在出库单上签字完成出库的工作。

2）仓库负责送货。仓库负责给客户送货，装车的工作由仓库部门负责，装车前库管员应对车厢进行清扫和必要的铺垫，督促装车人员妥善装车。装车完毕，库管员会同提货人签署出库货物交接资料。

（7）货物登账

货物全部出库完毕，仓库应及时将货物从仓储保管账上核销，以便仓储做到账、物一致。并且将留存的资料、单据整理归档。

 巩固训练

1. 储存有保质期的产品应按规定储存时间，实行"先进库后出库"的原则。　　（　　）

2. 在自动化立体仓库中，入库、检验、分类整理、上货入架、分拣配货、出库等作业全部由人工来完成。　　　　　　　　　　　　　　　　　　　　　　　　　　　　（　　）

3. 在出货装车前，对即将出货货品的数量、质量、客户进行的最后防线是（　　）。

　　A．接单　　　　　B．补货　　　　　C．复核　　　　　D．拣货

4. 货物出库原则：先备货后（　　　）再发货；先（　　）先（　　）、（　　　）出库、（　　）优先。

5. 货物出库的基本要求是什么？

6. 简述人工手动出库申请的设置方法和步骤。

项目四　AGV 定位、导向与防撞

任务 4.1　AGV 认知

📖 工作任务

1. 工作任务描述

认识 AGV，掌握 AGV 的结构组成和工作原理。

2. 学习目标

1）能力目标：正确认识 AGV，能区分 AGV 的各组成结构。

2）知识目标：了解 AGV 的发展和应用场合，知道 AGV 的定义，掌握 AGV 的结构组成，理解 AGV 的工作原理。

3）素质目标：培养仔细做事、独立思考的职业素养，培养正确表达自己思想的能力。

3. 教学组织设计

1）学生角色：操作者。

2）教学情境：企业生产部、设备维护部。

3）教学材料：学习参考材料、安全操作规范。

4. 教学过程

1）任务导入。

2）必备知识：安全操作规范。

3）技能训练：AGV 种类辨别和结构组成认知。

4）成果交流：小组讨论、交流。

5）教师点评：各组改进、作业。

✍ 知识储备——AGV 基础认知

1. 概述

自动导引运输车（Automated Guided Vehicle，AGV）是装备有电磁或光学等自动导引装置，能够沿规定的导引路径行驶，具有安全保护以及各种移载功能的运输车，如图 4-1 所示。工业应用中，无人搬运车以可充电的蓄电池为其动力来源，一般可通过计算机来控制其行进路线以及行为，或利用电磁轨道来设立其行进路线，电磁轨道粘贴于地板上，无人搬运车依循电磁轨道所带来的信息进行移动与动作。

图 4-1 AGV

AGV 以轮式移动为特征，较之步行、爬行或其他非轮式的移动机器人具有行动快捷、工作效率高、结构简单、可控性强、安全性好等优势。与物料输送中常用的其他设备相比，AGV 的活动区域无须铺设轨道、支座架等固定装置，不受场地、道路和空间的限制。因此，在自动化物流系统中，最能充分地体现其自动性和柔性，实现高效、经济、灵活的无人化生产。

AGV 具有如下优点：

1）自动化程度高，AGV 由计算机、电控设备和激光反射板等控制。当车间某一环节需要辅料时，由工作人员在计算机终端输入相关信息，计算机终端再将信息发送到中央控制室，由中央控制室向 AGV 发出指令，在电控设备的合作下，这一指令被 AGV 接收并执行，最终将辅料送至相应地点。

2）充电自动化。当 AGV 的电量即将耗尽（一般技术人员会事先设置一个值）时，它会向系统发出请求指令，请求充电，系统允许后 AGV 自动到充电的地方排队充电。另外，AGV 的电池寿命和采用的电池类型与技术有关。使用锂电池，其充放电次数到达 500 次时仍然可以保持 80% 的电能存储。

3）美观，观赏度高，可以提高企业的形象。

4）方便，减少占地面积；生产车间的 AGV 可以在各个车间穿梭往复。

2. AGV 的发展现状及应用

（1）AGV 的发展现状

AGV 扮演物料运输的角色已有约 70 年的历史。第一辆 AGV 诞生于 1953 年，由一辆牵引式拖拉机改造而成，带有车兜，在一间杂货仓库中沿着布置在空中的导轨运输货物。到 20 世纪 60 年代初期，已有多种类型的牵引式 AGV 应用于工厂和仓库。

20 世纪 70 年代，基本的导引技术是靠感应埋在地下的导线产生的电磁频率。通过地面控制器设备打开或关闭导线中的电磁频率，从而指引 AGV 沿着预定的路径行驶。

20 世纪 80 年代末期，无线式导引技术引入 AGV 系统，如利用激光和惯性进行导引，从而提高了 AGV 系统的灵活性和准确性，而且，当需要修改路径时，也不必改动地面或中断生产。这些导引方式的引入，使得 AGV 的导引方式更加多样化。

从 20 世纪 80 年代以来，AGV 系统已经发展成为生产物流系统中最大的专业分支之一，并出现产业化发展的趋势，成为现代化企业自动化装备不可缺少的重要组成部分。AGV 在欧美等发达国家，发展最为迅速，应用最为广泛；在亚洲的日本和韩国，AGV 也得到了迅猛的发展和应用，尤其是在日本，AGV 的产品规格、品种、技术水平、装备数量及自动化程度等方面较为丰富，已经达到标准化、系列化、流水线生产的水平。在我国，随着物流系统的迅速发展，AGV 的应用范围也在不断扩展，开发出能够满足用户各方面需求（功能、价格、质量）的AGV 系统技术是未来必须面对的现实问题。

综合分析 AGV 技术的发展，不难发现国内外 AGV 有两种发展模式：第一种是以欧美国家为代表的全自动 AGV 技术，这类技术追求 AGV 的自动化，几乎完全不需要人工干预，路径规划和生产流程复杂多变，能够应用在几乎所有的搬运场合。这类 AGV 功能完善，技术先进；同时为了能够采用模块化设计，降低设计成本，提高批量生产的标准，欧美的 AGV 放弃了对外观造型的追求，采用大部件组装的形式进行生产；系列产品的覆盖面广：各种驱动模式、各种导引方式、各种移载机构应有尽有，系列产品的载重量可从 50kg 到 60000kg（60t）。尽管如此，由于技术和功能的限制，此类 AGV 的销售价格仍然居高不下，在国内仅有为数不多的企业可以生产，技术水平与国际水平相当。第二种是以日本为代表的简易型AGV 技术，或称其为 AGC（Automated Guided Cart），该技术追求的是简单实用，极力让用户在最短的时间内收回投资成本。从数量上看，日本生产的大多数 AGV 属于此类产品（AGC）。该类产品完全结合简单的生产应用场合（单一的路径，固定的流程），AGC 只是用来进行搬运，并不刻意强调 AGC 的自动装卸功能，在导引方面，多数只采用简易的磁带导引方式。由于日本的基础工业发达，AGC 生产企业能够为其配置上几乎简单得不能再简单的功能器件，使 AGC 的成本几乎降到了极限。在日本，这种 AGC 在 20 世纪 80 年代就得到了广泛应用，2002—2003 年达到应用的顶峰。由于该产品技术门槛较低，国内已有多家企业可生产此类产品。

随着物流系统的迅速发展，AGV 的应用范围也在不断扩展。最新研究设计的 AGV 系统是一种基于电磁导航的无人驾驶小车系统方案，实际硬件实验表明，该系统能够达到预期设计要求，广泛运用于工业、军事、交通运输、电子等领域，具有良好的环境适应能力、很强的抗干扰能力和目标识别能力。

（2）AGV 的应用行业范围

传统的仓库和工厂总是消耗大量的人力来搬运货物，不仅低效并且经常出错。应用 AGV可确保货运运输的高效和精确，大幅度降低劳动成本，提高安全性。

AGV 的主要应用行业如下：

1）仓储行业。仓储业是 AGV 最早应用的行业。目前世界上约有 2 万台各种各样的 AGV运行在 2100 座大大小小的仓库中。AGV 在物流搬运中具有高效、准确、便捷的优势，被物流仓储行业普遍应用，其主要作用是高效完成出/入库货物和零部件的搬运任务。

2）制造行业。市面上的 AGV 主要集中在制造业物料搬运上，AGV 精准、高效、灵活地完成了物流运送任务，并且可实现多台 AGV 组成柔性的物流搬运系统，搬运路线可以随着生产工艺流程的调整而及时变化，使一条生产线上能够制造出十几种产品，大大提高了生产的柔性和企业的竞争力。作为基础搬运工具，AGV 的应用已深入到机械加工、家电生产、微电子制造、卷烟等多个领域，而生活加工制造领域则是 AGV 应用最为广泛的领域。

3）烟草、医药、食品、化工行业。对于搬运作业有清洁、安全、无排放污染等特殊要求的烟草、医药、食品、化工等行业，AGV 的应用也受到重视。国内的许多卷烟企业，都应用了激光导航 AGV 完成托盘货物的搬运工作。

4）邮局、图书馆、港口码头和机场行业。在邮局、图书馆、港口码头和机场等场合，物品的运送存在着作业量变化大、动态性强、作业流程经常调整，以及搬运作业过程单一等特点，AGV 的并行作业、自动化、智能化和柔性化的特性能够很好地满足上述场合的搬运要求。瑞典于 1983 年在大斯德哥尔摩邮局、日本于 1988 年在东京多摩邮局、中国在 1990 年于上海邮政枢纽开始使用 AGV，完成邮品的搬运工作。在荷兰鹿特丹港口，50 辆称为"yardtractors"的 AGV 完成集装箱从船边运送到几百米以外的仓库这一重复性工作。

5）餐饮服务业。未来在服务业 AGV 也有望大展身手，如餐厅传菜上菜、端茶递水等基础劳动都可以由 AGV 来实现，可减少对人工的依赖，提高了经营的效益。

6）危险领域和特殊行业。在军事上，以 AGV 的自动驾驶为基础集成其他探测和拆卸设备，可用于战场排雷和阵地侦察。在钢铁厂，AGV 用于炉料运送，减轻了工人的劳动强度。在核电站和利用核辐射进行保鲜储存的场所，AGV 用于物品的运送，避免了辐射的危险，在胶卷和胶片仓库，AGV 可以在黑暗的环境中，准确可靠地运送物料和半成品。

（3）AGV 分类

AGV 的分类方式有很多种，根据不同的标准分类不同。下面简单介绍 AGV 不同的分类方法。

按 AGV 导航方式，可分为电磁导航 AGV、磁条导航 AGV、二维码导航 AGV、激光导航 AGV、惯性导航 AGV 和视觉导航 AGV。未来可能还有 GPS、i-GPS（室内 GPS）、d-GPS（差分 GPS）AGV。

按 AGV 驱动方式，可分为单轮驱动 AGV、双轮驱动 AGV、多轮驱动 AGV、差速驱动 AGV 和全向驱动 AGV（多轮驱动 AGV）。

按 AGV 移载方式（执行机构或用途），可分为叉车式 AGV、牵引式 AGV、背负式 AGV、滚筒式 AGV、托盘式 AGV、举升式 AGV、SMT 式 AGV、防爆 AGV 和装配型 AGV。

按 AGV 控制形式，可分为普通型 AGV 和智能型 AGV。

按 AGV 承载重量，可分为轻便式 AGV（500kg 以下）、中载式 AGV（500kg～2t 以内）、重载式 AGV（2～20t 以内）。

按 AGV 工作于室内还是室外，可分为室内 AGV 和室外 AGV（户外 AGV）。

按 AGV 应用领域，可分为工业制造/搬运 AGV、仓储物流 AGV 和服务型 AGV（巡检机器人，消毒机器人、医疗机器人）。

3．AGV 的结构组成

AGV 的基本结构包括机械系统、动力系统和控制系统三大系统。

机械系统包含车体、车轮、转向装置、移载装置、安全装置几部分；动力系统包含电池及充电装置和驱动系统、安全系统、控制与通信系统、导引系统等。

（1）车体

AGV 的车体主要由车架、驱动装置和转向装置等组成，属基础部分，是其他总成部件的安装基础。另外，车架通常为钢结构件，要求具有一定的强度和刚度。

驱动装置由驱动轮、减速器、制动器、驱动电动机及速度控制器（调速器）等部分组成，是一个伺服驱动的速度控制系统，驱动系统可由计算机或人工控制，可驱动 AGV 正常运行并具有速度控制、方向和制动控制的能力。

转向装置根据 AGV 运行方式的不同，常见的 AGV 转向机构有铰轴转向式、差速转向式和全轮转向式等形式。通过转向机构，AGV可以实现向前、向后或纵向、横向、斜向及回转的全方位运动。

（2）动力装置

AGV的动力装置一般为蓄电池及其充放电控制装置，电池为24V或48V的工业电池，有铅酸蓄电池、镍镉蓄电池、镍锌蓄电池、镍氢蓄电池、锂离子蓄电池等可供选用，需要考虑的因素除了功率、容量（A·h）、功率重量比、体积等，最关键的因素是充电时间的长短和维护的容易性。

快速充电为大电流充电，一般采用专业的充电装备，AGV本身必须有充电限制装置和安全保护装置。

充电装置在AGV上的布置方式有多种，一般有地面电靴式、壁挂式等，并需要结合AGV的运行状况，综合考虑其在运行状态下可能产生的短路等因素，从而考虑配置AGV的安全保护装置。

在AGV运行路线的充电位置上安装有自动充电机，在AGV底部装有与之配套的充电连接器，AGV运行到充电位置后，AGV充电连接器与地面充电接器的充电滑触板连接，最大充电电流可达到200A以上。

（3）控制系统（控制器）

AGV控制系统通常包括车上控制器和地面（车外）控制器两部分，目前均采用微型计算机控制，由通信系统建立联系。通常，由地面（车外）控制器微型计算机发出控制指令，经通信系统输入车上控制器微型计算机控制AGV运行。

车上控制器完成AGV的手动控制、安全装置启动、蓄电池状态、转向极限、制动器解脱、行走灯光、驱动和转向电动机控制与充电接触器的监控及行车安全监控等。地面控制器完成AGV调度、控制指令发出和AGV运行状态信息接收。

控制系统是AGV的核心，AGV的运行、监测及各种智能化控制的实现，均需通过控制系统实现。

（4）安全装置

AGV的安全措施至关重要，必须确保AGV在运行过程中的自身安全，以及现场人员与各类设备的安全。

一般情况下，AGV采取多级硬件和软件的安全监控措施。如在AGV前端设有非接触式防碰传感器和接触式防碰传感器，同时还装有防撞条，包括弧形和直线形，如图4-2所示，保护AGV车体在发生碰撞时降低撞击的冲击性。AGV顶部安装有醒目的信号灯和声音报警装置，以提醒周围的操作人员。对需要前后双向运行或侧向移动的AGV，则需要在AGV的四面安装防碰传感器。一旦发生故障，AGV自动进行声光报警，同时采用无线通信方式通知AGV监控系统。

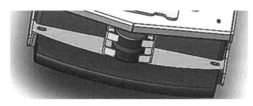

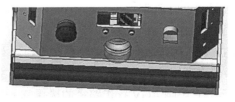

a）弧形   b）直线形

图4-2 防撞条

（5）导引装置

导引装置包括磁导传感器和地标传感器。导引装置接收导引系统的方向信息，通过导引+地标传感器来实现 AGV 的前进、后退、分岔、出站等动作。

（6）通信装置

通信装置实现 AGV 与地面控制站及地面监控设备之间的信息交换。

（7）信息传输与处理装置

信息传输与处理装置对 AGV 进行监控，监控 AGV 所处的地面状态，并与地面控制站进行实时信息传递。

（8）移（运）载装置

AGV 根据需要还可配置移（运）载装置，如滚筒、牵引棒等机构装置，用于货物的装卸、运载等。

AGV 的外观示意图如图 4-3 所示，表 4-1 为 AGV 各部件名称与功能说明。

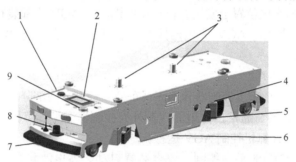

图 4-3　AGV 的外观示意图

表 4-1　AGV 各部件名称与功能说明

序号	AGV 部件名称	功能说明
1	按钮	简单控制 AGV 的启动、停止、急停、牵引等
2	触摸屏	显示 AGV 的运行状态和参数设置
3	牵引装置	AGV 牵引料车载货
4	AGV 驱动	AGV 主动力部分
5	磁导航（驱动上）	搜索地面磁条信息
6	读卡器（AGV 底部）	读取各种磁卡信息
7	安全防撞装置	障碍物传感器失效时起保护作用
8	障碍物传感器	检测 AGV 前方有无障碍物
9	状态灯	显示 AGV 的运行状态

4. AGV 的工作原理

（1）工作环境

AGV 对工作环境的要求有静态环境和动态环境两种。

1）静态环境是指 AGV 运行路线周围恒态的环境，包括车间柱子、设备、噪声、路面及电磁干扰等。它影响 AGV 行走路径的选择及 AGV 的稳定性。

2）动态环境是指 AGV 运行环境中随时间变化在不断改变的环境，如物流车、搬运车、行驶的 AGV、行人等。

AGV 对具体工作环境的要求如下：

1）AGV 行驶路面的地面材质以硬质水泥或导电塑胶为最佳。

2）为了 AGV 的正常作业、保证工作效率，厂房的场地温度范围应为-10～50℃，相对湿度≤80%。

3）无腐蚀性气体和爆炸性气体。从操作人员安全和 AGV 设备安全出发，这是必不可少的条件。

4）无阳光直射。AGV 充电一次可以运行 48h 以上，在长时间运行下机身温度会变高，如果一直有阳光直射会影响 AGV 的使用寿命。

5）尘埃、铁粉等较少，尽量避免沾水（风雨或水滴）、油（油滴）及其他液体。

6）尽量避免在 AGV 行驶路面上出现接缝，最大接缝不宜超过 35mm。如果接缝超过 35mm 应进行修补。可以在 AGV 行驶路面上铺上一层水泥、环氧树脂、P 型瓷砖、木地板或其他化学纤维等，以提升地面平整度，减少接缝对 AGV 的影响。

7）地面滑动摩擦系数不小于 0.5。地面摩擦系数的大小直接影响 AGV 的安全距离及搬运定位精度。

8）AGV 行驶路面的地表导电阻抗应保持在 $10^6 \sim 10^9 \Omega$。避免 AGV 车体累积静电（静电敏感环境下使用时）。

（2）技术参数

AGV 在工业中的应用日益广泛，其主要技术参数包括导航方式、驱动方式、行走速度等，详见表 4-2。

表 4-2　AGV 的技术参数（单向潜伏式）

技术参数	说明
导航方式	磁导航
运行方式	前进、转弯、分岔
导航磁条	N 极/50mm
驱动方式	差速驱动
驱动电动机	DC 24V 直流电动机
牵引能力/kg	500
行走速度/（m/min）	≤45
转弯半径/mm	800
导航精度/mm	±10
工作方式/h	24
爬坡能力/（°）	3～5
停止精度/mm	±10
充电方式	手动
安全感应范围	≤3m，可调，紧急制动距离小于 20mm
报警形式	声光报警
电池	铅酸电池
安全防护	前后方障碍物检测传感器+机械防撞机构双重防护
设计寿命/年	>10

（3）工作原理

AGV 可以单向和双向运动，车体可以潜伏在料车底部进行自动挂扣和脱扣，尾部牵引装置可拖挂多个料车。AGV 通过磁条导引读取地标指令，可以根据设定站点停靠，多用于汽车、家电、纺织、电子等行业的物流配送，大大节省了人工成本。

AGV 的工作原理：根据 AGV 导向传感器所得到的位置信息，按 AGV 的路径所提供的目标值计算出 AGV 的实际控制命令值，即给出 AGV 的设定速度和转向角，这是 AGV 控制技术的关键。简而言之，AGV 的导引控制就是 AGV 轨迹跟踪。AGV 导引有多种方法，如利用导向传感器的中心点作为参考点，追踪引导磁条上的虚拟点。AGV 的控制目标就是通过检测参考点与虚拟点的相对位置，修正驱动轮的转速以改变 AGV 的行进方向，尽力让参考点位于虚拟点的上方，这样 AGV 就能始终跟踪引导线运行。

当 AGV 接收到物料搬运指令后，控制器系统就根据所存储的运行地图和 AGV 当前位置及行驶方向进行计算、规划分析，选择最佳的行驶路线，自动控制 AGV 的行驶和转向，当 AGV 到达装载货物位置并准确停位后，移载机构动作，完成装货过程。然后 AGV 启动，驶向目标卸货点，准确停位后，移载机构动作，完成卸货过程，并向控制系统报告其位置和状态。随之 AGV 启动，驶向待命区域。待接到新的指令后再进行下一次搬运。

任务工单

任务名称	AGV 基础认知		任务成绩	
学生班级			学生姓名	
所用设备			实施地点	
任务描述	1）通过书本和网络查询了解 AGV 是什么 2）区别 AGV 与工业机器人结构的不同			
目标达成	1）什么是 AGV 2）AGV 的结构包含哪些 3）AGV 的工作原理是什么			
任务实施	1）AGV 的定义 通过案例引入 AGV，讲解 AGV 的发展和应用场合 2）认知 AGV 的主体结构 通过多媒体手段结合实验实训设备，讲解 AGV 的结构组成，AGV 结构与工业机器人的区别 3）认知 AGV 的工作原理 通过多媒体手段结合实验实训设备，讲解 AGV 的工作原理			
任务评价	1）自我评价与自我认定 2）任课教师评价成绩			

知识储备——AGV 核心部件与驱动方式

1. AGV 核心部件

在物流和仓储领域，AGV 因为其优势，已成为新一轮市场竞争的焦点。AGV 的核心部件包括：

（1）AGV 的"骨骼"——车身本体

目前为止 AGV 已获得大规模的应用市场，主要用于企业仓储和货物转运，因此 AGV 的车身本体也在向着多功能化、高速性、灵活性方向发展。

（2）AGV 的"神经系统"——智能传感器

这是考验 AGV 是否灵敏的重要指标。AGV 除了使用位置、速度、加速度、定位等传统的传感器技术，还融合了机器视觉、力反馈等新型智能传感器所提供的数据来辅助决策运动控制，可适应更为复杂的应用环境。

（3）AGV 的"运动神经"——导航技术

AGV 使用的导航技术已经由固定路径向自由导航路径发展，这也意味着 AGV 的智能化程度越来越高。目前常用的导航技术有自主激光 SLAM 导航、磁条导航、二维码+惯性导航、GPS 导航等，有的导航技术已经有了成熟的应用案例，有的已经具备市场应用条件。

（4）AGV 的"大脑"——控制器

AGV 的控制技术主要为了提高 AGV 的系统相容性和扩展性，进而让使用者有更好的应用体验。目前，稳定可靠的分布式总线结构已经成为 AGV 的主流控制趋势。

2. 舵轮 AGV 的结构组成

（1）车体

车体由车架和相应的机械装置所组成，是舵轮 AGV 的基础部分，也是其他总成部件的安装基础。

（2）蓄电和充电装置

蓄电和充电装置由充电站及自动充电机组成，舵轮 AGV 可以完成自动在线充电，由中央控制系统集中管理，实现 24h 连续生产。

（3）驱动装置

舵轮驱动是集成了驱动电动机、转向电动机、减速机等一体化的机械结构，相比传统 AGV 差速控制方式，舵轮驱动集成化高、适配性强，是控制 AGV 行走轮、舵轮正常运行的装置。其运行指令由计算机或人工控制发出，运行速度、方向、制动的调节则由计算机控制，为了安全，在断电时制动装置靠机械制动方式实现。

（4）导向装置

导向装置接收导引系统的方向信息，确保舵轮 AGV 沿正确路径行走。

（5）通信装置

通信装置实现舵轮 AGV 与控制台及监控设备之间的信息交换。

（6）安全与辅助装置

为了避免舵轮 AGV 行走轮小车轮在系统故障或有人经过舵轮 AGV 的工作路线时出现碰撞，AGV 行走轮一般都带有障碍物探测及避撞、警音、警视、紧急停止等装置。

（7）移载装置

移载装置是与所搬运货物直接接触，实现货物转载的装置。不同的任务和场地环境下，可以选用不同的移载系统，常用的有滚道式、叉车式、机械手式等。

（8）中央控制系统

中央控制系统由计算机、任务采集系统、报警系统及相关的软件组成，主要分为地面（上位）控制系统及车载（下位）控制系统。其中，地面控制系统指 AGV 行走轮系统的固定设备，主要负责任务分配、车辆调度、路径（线）管理、交通管理和自动充电等功能；车载控制系统在收到上位系统的指令后，负责舵轮 AGV 的导航计算、导引实现、车辆行走和装卸操作等功能。

3. AGV 的驱动方式

（1）单舵轮 AGV（单轮驱动）

单舵轮 AGV 多为三轮车型（部分 AGV 为了更强的稳定性会安装多个随动轮，但转向驱动装置仅为一个舵轮），如图 4-4 所示。单舵轮 AGV 主要依靠 AGV 前部的一个铰轴转向轮作为驱动轮，搭配后面两个随动轮，由前轮控制转向。单舵轮转向驱动的优点是结构简单、成本低，由于是单轮驱动，无须考虑电动机配合问题。因三轮结构的抓地性好，对地面要求一般，故适用于广泛的环境和场合。缺点是灵活性较差，转向存在转弯半径，能实现的动作相对简单。

适用 AGV 类型：牵引式 AGV、叉车式 AGV。

适用场景：大吨位货物搬运，适用场景广泛。

图 4-4　单舵轮 AGV

（2）双舵轮 AGV（双轮驱动）

双舵轮 AGV 如图 4-5 所示，为万向型 AGV，车体前、后各安装一个舵轮，搭配左右两侧的随动轮，由前、后舵轮控制转向。双舵轮转向驱动的优点是可以实现 360°回转功能，也可以实现万向横移，灵活性高且具有精确的运行精度。缺点是两套舵轮成本较高，而且 AGV 运行中经常需要两个舵轮差动，这对电动机和控制精度要求较高，而且因为四轮或以上的车轮结构容易导致一轮悬空而影响运行，所以对地面平整度要求严格。但由于底部轮子更多，受力更均衡，所以这种驱动方式的稳定性比单舵轮 AGV 更高。

适用 AGV 类型：重载潜伏式 AGV 或停车机器人。

适用场景：大吨位的物料搬运，适用于汽车制造工厂、停车场等。

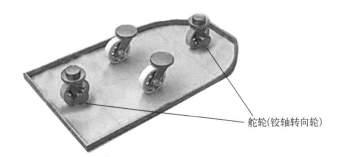

舵轮(铰轴转向轮)

图 4-5　双舵轮 AGV

（3）差速轮 AGV（差速驱动）

差速轮 AGV 的结构是车体左右两侧安装差速轮作为驱动轮，其他为随动轮，如图 4-6 所示。与双舵轮不同的是，差速轮不配置转向电动机，也就是说驱动轮本身并不能旋转，而是完全靠内外驱动轮之间的速度差来实现转向。这种驱动方式的优点是灵活性高，同样可实现 360°回转，但由于差速轮本身不具备转向性，所以这种驱动类型的 AGV 无法做到万向横移。此外，差速轮对电动机和控制精度要求不高，因而成本相对低廉。缺点是差速轮对地面平整度要求苛刻，负重较轻，一般负载在 1t 以下，无法适应精度要求高的场合。亚马逊 KIVA 机器人使用的便是差速驱动方式。

差速轮

图 4-6　差速轮 AGV

适用 AGV 类型：潜伏式 AGV。

适用场景：适用于环境较好的电商、零售等仓库场景。

（4）麦克纳姆轮 AGV

麦克纳姆轮设计新颖，这种全方位移动方式是基于一个有许多位于机轮周边轮轴的中心轮的原理，这些成角度的周边轮轴把一部分机轮转向力转化到一个机轮法向力上，依靠各自机轮的方向和速度，这些力的最终合成在任何要求的方向上产生一个合力矢量，从而保证了这个平台在最终的合力矢量的方向上能自由地移动，而不改变机轮自身的方向，如图 4-7 所示。简单来说，麦克纳姆轮 AGV 就是在轮毂上安装斜向辊子，通过协同运动以实现 AGV 移动或旋转。麦克纳姆轮的优点是具有 10t 以上的载重能力，灵活性高，可以实现 360°回转功能和万向横移，更适合在复杂地形上运动。缺点是麦克纳姆轮属于瑞典麦克纳姆公司的专利，只能从国外进口，再加上本身运动类型的复杂性，因此价格昂贵。

适用 AGV 类型：重载型移动平台、户外移动机器人。

适用场景：飞机、高铁等生产制造场景、户外机器人运输场景。

图 4-7　麦克纳姆轮 AGV

每一种驱动方式对应着不同场景下的应用需求，需要根据环境、负载等因素进行综合评估选定，以保证不同作业场景下 AGV 运行的可靠性、稳定性、精确性。

4. 工业 AGV 与 AMR 的区别

AGV 是一种工业自动运输车辆，可以预先编程在仓库或制造环境中运输货物。

导航：一般由安装在仓库地板上或下方的磁条或电线引导。

部署：需要安装导航指南，有时需要进行实质性的设施改造。

运营灵活性：更改 AGV 运营模式需要重复整个部署过程。

响应能力：有限的灵活性，无法适应不断变化的环境或不断变化的工作流程。

AMR（Autonomous Mobile Robot）即自主移动机器人，是一种使用车载传感器和处理器来自动移动物料而无须物理导向器或标记的车辆。它了解其环境，能记住其位置，并动态规划从一个航点（环境中的某个位置或目的地）到另一个航点的路径。

导航：AMR 使用激光或者视觉传感器、实时定位与地图绘制（SLAM）等技术，确定航点之间的最佳路线。

部署：可能会有所不同，但是出色的 AMR 可以在不到 15min 的时间内投入使用。

操作上的灵活性：AMR 根据当前条件和要求动态规划最短路径，如果工作更改，AMR 的路线也将随之变化。

响应速度：AMR 能自动感应并避开障碍物和阻塞的路径，以找到通往其下一个航点的最佳路线。

AGV 与 AMR 的区别：

1）目前工业应用的此类产品（AMR/AGV），都必须在已知的环境中运行，即事先构建并获得运行环境的全局坐标，也就是说 AMR/AGV 必须知道自己的当前位置和目标点的位置。

2）当目标点坐标确定后，在路径规划上，AMR 运行可分为两种模式：一种是按预先设置的路径（地图）运行，当遇到障碍时，单机能够绕行障碍。此运行模式与 AGV 几乎一致，即激光导引 AGV 在插入系统时能够从已知任意位置行驶到最合适的路径点，与绕行原理相同。另一种是非预先设置路径，即自由路径或开放路径，由单机根据目标点的坐标信息，即时动态规划路径。也就是说，单机本身采用了自学习和神经网络算法，能够利用历史场景对当前状况进行判断，以确定行驶方向。此运行模式与目前的 AGV 比较矛盾，AGV 需要经过导引（Guided），必须运行在预设路径上，一旦脱离路径即为故障。但十多年前，有些 AGV 就实现了部分动态路径规划功能，即为了将货物直接装入集装箱，平衡叉式 AGV 利用位置估算（Dead Reckoning）值，及其他传感器的相对位置信号，实施了末端动态路径规划。

3）在其他方面，AGV 的自主性能并不差，如导航水平与速度关联、转向角度与速度关联、工作强度与设备健康度关联等。

4）在交通管理方面，AMR 的自主性可能更多地体现在主观能动性上，即由于单机具备较强的动态路径规划能力，当多台机器人相遇时，能够主动避让，不会出现 AGV 的死锁现象。这种将交通管理下沉到单机，使单机运行更为智能的做法，目的是为了提升工作效率。根据不同应用场景（开工模式、正常模式、收工模式等），采用潮汐路径的方法可以减轻交通压力以获得更高效率，较为合适。

5）在任务调度方面，先进的调度策略使得 AGV 的主观能动性得以展现，过去是由上位控制系统安排任务到车辆，而目前的策略更倾向于 AGV 主动向上位系统申请任务，能够有效提升系统效率（减少了空跑率）、降低系统能耗。

总的来看，AGV 只是沿着预设路径行驶；而 AMR 分为两类，第一类与 AGV 几乎相同，按照预设路径行驶，具备障碍绕行功能；另一类以需要到达的目标点为控制对象，能够根据环境主动规划行驶路径。

 巩固训练

1. 什么是 AGV？
2. AGV 的工作原理是什么？
3. AGV 的结构主要包括哪些？
4. AGV 分类主要有哪些？

任务 4.2 AGV 智能循迹定位

工作任务

1. 工作任务描述

认识 AGV 导航方式分类，掌握 AGV 导航方式的工作原理。

2. 学习目标

1）能力目标：了解 AGV 导航方式的分类，区分 AGV 的各导航方式。

2）知识目标：了解 AGV 的发展和应用场合，了解 AGV 导航方式的分类，掌握 AGV 导航方式的工作原理。

3）素质目标：培养仔细做事、独立思考的职业素养，培养正确表达自己思想的能力。

3. 教学组织设计

1）学生角色：操作者。

2）教学情境：企业生产部、设备维护部。

3）教学材料：学习参考材料、安全操作规范。

4. 教学过程

1）任务导入。

2）必备知识：安全操作规范。

3）技能训练：识别 AGV 导航方式。

4）成果交流：小组讨论、交流。

5）教师点评：各组改进、作业。

4-1
AGV 自动取货

4-2
AGV 自动出库

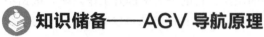 知识储备——AGV 导航原理

1. AGV 导航的发展历史

AGV 只有在工作环境中精确地定位自身的位置、明确工作区域，才能实现有效的工作。AGV 的导航与定位是 AGV 行业的技术核心之一。

无人搬运车最早应用在汽车行业中。1913 年，美国福特汽车公司将自动搬运车用于汽车底盘装配，当时的无人搬运车有轨道导航，现在称为 RGV。1954 年，英国人首先采用地板下埋线取代地面上的导航轨道，组成以电磁感应引导的 AGV。1959 年，美国将 AGV 首先应用到仓储自动化和企业生产作业中。

20 世纪 60 年代，随着计算机技术的进步，AGV 得到迅速发展。1973 年，瑞典 VOLVO 汽车公司在 KALMAR 轿车厂的装配线上采用了 88 台 AGV，使用计算机控制轿车的整个装配作业。同时瑞典的科尔摩根 NDC 公司开发了第一代 AGV 控制系统。1990 年，该公司开发了第四代 AGV 控制系统（激光导引系统）。1991 年，荷兰开始使用磁体网络导航技术。2000 年，比利时英杰明（Egemin）公司使用了激光导航与惯性复合、激光测角与测距相结合的导航控制技术。

从 20 世纪 90 年代第一台 AGV 正式落地应用至今，AGV 在我国的发展历史已有 30 年，经历了 AGV 行业从无到有、从弱到强并逐渐走向繁荣的发展阶段。

1991 年，中国科学院沈阳自动化研究所通过金杯合装项目，完成了 AGV 从实验室样机到生产一线产品的跨越，我国第一台自主开发的 AGV 产品正式投入运营，从此开始了 AGV 的产品化进程，而这种装配模式也逐渐在国内的汽车总装厂得到应用和推广。

1996 年，昆明船舶设备集团有限公司（以下简称昆船）与瑞典科尔摩根 NDC 公司签订了合作协议，一年后，昆船建成了自己的国家重点物流实验室，并利用 NDC 技术生产了第一套 AGV 验证系统（2 台），这就是我国的第一台激光导引 AGV 以及第一台全方位运动 AGV。1998 年，昆船为红河卷烟厂成功实施了国内首个激光导引 AGV 系统，成为当时世界先进、国内领先的一流项目。

2006 年，由沈阳新松机器人自动化股份有限公司（以下简称新松）参与起草的 GB/T 20721—2006 自动导引车《通用技术条件》国家标准出台，该标准规定了自动导引车的基本参数、技术要求、试验方法、检验规则、标志、使用说明书、包装、运输和储存。这是 AGV 行业的第一个国家标准，标志着 AGV 行业开始朝着规范化的方向发展。

2007 年，新松自主技术合装 AGV 系统出口通用墨西哥工厂，为美国通用汽车全球工厂配套，实现了 AGV 产品走向国际市场，开创了移动机器人出口的先河，同时也完成了分布式控制器的升级。

2012 年，亚马逊收购了仓储机器人 Kiva Systems，这种新型的分拣 AGV 开始进入国内传统 AGV 企业及相关行业的视线。此后，国内相继涌现出了一批类 KIVA 仓储机器人创业公司，如 GEEK+、上海快仓智能科技有限公司、杭州海康威视数字技术股份有限公司、新松、昆船、水岩科技（北京）有限公司等。AGV 在电商行业的应用也开始逐渐火热。

2016 年，深圳怡丰自动化科技有限公司推出的首款停车机器人正式面世，直接填补了国内泊车 AGV 的空白。它采用全球首创激光导航+梳齿交换式停车 AGV 和万向转动的搬运机器人，能实现 1000 辆 AGV 机器人同时调度。同年，南京夫子庙怡丰机器人停车库正式落地，成为全球首个真正落地运营的机器人停车场。

2017 年 10 月，中国移动机器人（AGV）产业联盟在上海宣告正式成立，联盟由行业内 40 余家主流企业发起，旨在聚焦和推动中国移动机器人（AGV）行业的创新、快速、高效、持续、健康发展。目前，联盟成员已超过 200 家，涵盖了业内主流的 AGV 及相关零部件厂商。

2017 年，由浙江立镖机器人有限公司打造的智能快递分拣机器人正式在申通仓库上线。立镖的"小黄人"采用了并联而非传统串联模式，数百台密密麻麻的机器人运行得井然有序，所有机器人能通过主信息系统来统一指挥调度，实现了快递分拣行业全新的应用，开创了快递分拣新模式。

2018 年 2 月 25 日，平昌冬奥会闭幕式现场，由张艺谋执导的"北京 8 分钟"表演再次惊艳了世界。其中，24 台来自新松的移动机器人和 26 名舞蹈演员的倾力表演将整个演出推向高潮，如此规模的人机表演、如此复杂的舞台表演在全球尚属首次，充分展现了我国移动机器人的技术实力。

2. AGV 导航方式

目前，市面上的 AGV 导航方式包括磁导航、惯性导航、二维码导航、SLAM 导航、激光导航、视觉导航等，如图 4-8 所示。使用不同的信号反馈来定位 AGV 在整个系统中的位置以进行搬运作业。导航技术负责 AGV 在系统中的定位，AGV 车辆间的交通流控制算法是导航核心技术难点。

常用的 AGV 导航方式有两大类：车外预定路径方式和非预定路径方式。车外预定路径方式是指在行驶的路径上设置导引用的信息媒介物，AGV 通过检测信息媒介物的信息而得到导向的导航方式，如电磁导航、激光导航、磁带导航等。非预定路径方式（自由路径）是指在 AGV 上储存着布局上的尺寸坐标，通过识别车体当前方位来自主地决定行驶路径的导航方式。

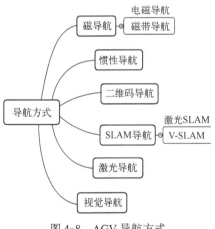

图 4-8 AGV 导航方式

（1）电磁导航

电磁导航是比较传统的导航方式，实现形式是在自动导航车的行驶路径上埋设金属线，并在金属线上加载低频、低压电流，使金属线周围产生交变磁场。AGV 上装有两个电磁感应元件（线圈）用于检测电磁场，如图 4-9 所示。当感应线圈检测到电磁场时，其线圈两端将产生与磁感应强度成正比的感应电压。当金属线靠近其中一个线圈，该线圈检测到的磁感应强度较另一个线圈检测到的磁场强度强，产生的电压也较强，因此两个电压相比较后可产生转向信号，告知 AGV 此时金属线有偏移，AGV 需要转向调整。或者通过车载电磁传感器对导航磁场强弱的识别和跟踪实现导航，通过读取预先埋设的 RFID 卡来完成指定任务。

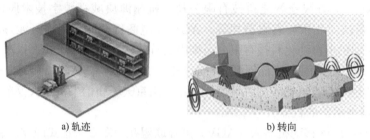

a) 轨迹   b) 转向

图 4-9 电磁导航

电磁导航的主要优点为金属线埋在地下，隐蔽性强，不易受到破坏，导航原理简单、可靠，对声光无干扰，制造成本低。缺点是金属线的铺设麻烦，且更改和拓展路径困难，电磁感应容易受到金属等铁磁物质的影响。

电磁导航在路线较为简单、需要24h连续作业的生产环境（如汽车制造）有比较广泛的应用。

（2）磁带导航

磁带导航又称为磁性式导航。该导航方式与电磁导航方式相似，原理也相似，只是用铺设在地面上的连续性磁带替换了埋在地下的金属线或电缆来产生磁场。同时用装在 AGV 上的磁性传感器线圈来检测该磁场，最后通过测定磁场的位置偏差计算此时磁带的偏离程度，用以控制电动机的速度或转向，如图 4-10 所示。磁性传感器一般为多路数字型，每一路对应一个检测头。通过对多路信号的检测可明确获知 AGV 行驶时的偏移方向及偏移量。

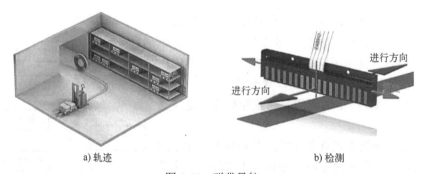

a) 轨迹   b) 检测

图 4-10 磁带导航

磁带导航的主要优点为技术成熟、可靠，成本较低，磁带的铺设较为容易，拓展与更改路径相对电磁导航较为容易，运行线路明显，对于声光无干扰。缺点为路径裸露，容易受到机械损伤和污染，需要人员定期维护，容易受到金属等铁磁物质的影响，一般磁带所产生的磁感应强度在 10^{-3}T 左右，信号较为微弱，工厂地面上若有较多铁屑，可能会对检测结果产生偏差。另外，AGV 一旦执行任务只能沿着固定磁带运动，无法更改任务。

磁带导航适用于地面嵌入型、轻载牵引的状态，可用于非金属地面、非消磁的室内环境，能够稳定持久作业。

与磁带导航原理相近的导航方式还有磁钉导航和色带导航。磁钉导航是在地面铺设磁钉，如图 4-11 所示。优点是隐蔽性好、抗干扰性强、耐磨损、抗酸碱；缺点是容易受铁磁物质影响，更改路径施工量大，容易对地面造成损害，一般仅在码头应用较多。色带导航是在地面粘贴色带或涂漆，通过车载的光学传感器采集图像信号识别来实现导航，如图 4-12 所示。由于色带容易受到污染和破坏，对环境要求高，定位精度较低，所以应用十分有限。

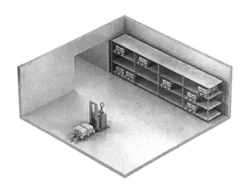

图 4-11　磁钉导航

图 4-12　色带导航

（3）激光导航

激光导航一般指基于反射板定位的激光导航，具体原理是在 AGV 行驶路径的周围安装位置精确的反射板，安装在 AGV 车体上的激光扫描器随 AGV 的行走发出激光束，发出的激光束被沿 AGV 行驶路径铺设的多组反射板直接反射回来，触发控制器记录旋转激光头遇到反射板时的角度，控制器根据这些角度值与实际这组反光板的位置相匹配，计算出 AGV 的绝对坐标，从而实现非常精确的导航，如图 4-13 所示。

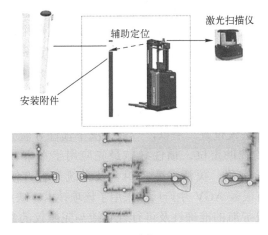

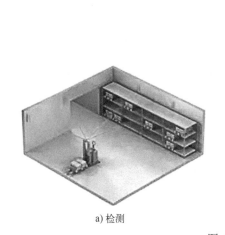

a) 检测　　　　　　　　　　　　　　　　b) 定位

图 4-13　激光导航

激光导航的优点是 AGV 能够灵活规划路径，定位准确，行驶路径灵活多变，施工较为方便，能够适应各种应用环境。激光导航的反射板处于较高的物理位置，不易受到破坏，正常工作时不能遮蔽反射板，否则会影响其定位情况。由于激光导航成本较高，在目前 AGV 市场上的占有率不是很高，但由于其优越性，将会逐渐取代一些传统的导航方式。

激光导航是 AGV 较为先进的导航方式，激光导航应用在工业机器人的各个产品线上。

自然导航是激光导航的一种，也是通过激光传感器感知周围环境，不同的是激光导航（反射板）的定位标志为反射板或反射柱，而自然导航的定位标志物可以为工作环境中的墙面等信息，不需要依赖反射板。相比传统的激光导航，自然导航的施工成本较低、周期较短。自然导航潜伏式 AGV 同一般的激光导航 AGV 一样，能够行驶复杂的路径。不同的是自然导航可以依靠墙壁等轮廓信息进行定位，能够有效减少对反射板的依赖，降低施工成本，如图 4-14 所示。自然导航的缺点是对环境轮廓依赖较大，当行驶路径上的轮廓信息出现较大变化时就会出现精度降低的现象。

（4）GPS 导航

GPS（Global Positioning System）导航类似于无人驾驶技术，是利用卫星对 AGV 进行方位控制以及实时导航的技术。目前此项技术还在不断地发展和完善，并且一般用于室外远距离的 AGV 导航，其准确性受制于卫星本身的精密度、卫星搜索数目、被控小车运行环境等。GPS 导

图 4-14　自然导航

航是 AGV 导航技术中的新技术，但由于可实现性不强，且很难用于室内导航，因此很难得到广泛使用。但其本身存在较强的研究价值，目前对该项技术开展了大量的研究和实验，希望在不久的将来能够推出 GPS 导航产品。

GPS 导航的导航精度较低，位置误差在 10m 左右。GPS 导航主要用于汽车、船舶、手机等的定位，在精度要求较高的室内 AGV 定位上使用较少。

（5）惯性导航

惯性导航利用移动机器人内部传感器获取位姿，主要是利用光电编码器和陀螺仪，或者两者同时使用。移动机器人的车轮上装有光电编码器，移动机器人在运动过程中，利用光电编码器的脉冲信号进行粗略的航位推算，确定移动机器人的位姿。利用陀螺仪可以获取移动机器人的三轴角速度和加速度，通过积分运算获取位姿信息，两种航位推算可以进行融合。惯性导航的成本低，短时间定位精度较高，但会随着运动累计误差，直至丢失位置。所以，一般情况下惯性导航会作为其他导航方式的辅助定位。惯性导航最先应用于军事领域，技术先进，定位准确，灵活多变，组合及系统兼容方便，适用领域广，已有很多 AGV 生产厂家采用了该项技术。缺点是开发费用高，并且导航的准确性及可行性直接与陀螺仪的参数相关，因此对于低成本 AGV 而言无法运用该项技术。如图 4-15 所示。

图 4-15　惯性导航

（6）二维码导航

二维码导航坐标的标志通过地面上的二维码实现。二维码导航与磁钉导航较为相似，只是坐标标志物不同。二维码导航的原理是自动导航小车通过摄像头扫描地面二维码（QR 码），通过解析二维码信息获取当前的位置信息。二维码导航通常与惯性导航相结合，实现精准定位，如图 4-16 所示。

二维码导航目前是市场热点，主要原因是亚马逊高价收购了 Kiva 二维码导航机器人，其类似棋盘的工作模式令人印象深刻。国内的电商、智能仓库纷纷采用二维码导航机器人。二维码导航机器人的单机成本较低，但是在项目现场需要铺设大量二维码，且二维码易磨损，维护成本较高。

a) 检测

b) 定位

图 4-16　二维码导航

（7）视觉导航

视觉导航通过 AGV 车载视觉传感器获取运行区域周围的图像信息实现导航。需要下视摄像头、补光灯和遮光罩等来支持该种导航方式，可利用丰富的地面纹理信息，并基于相位相关法计算两图间的位移和旋转，再通过积分来获取当前位置。

视觉导航方式通过移动机器人在移动过程中摄像头拍摄的地面纹理进行自动建图，再将在运行过程中获取的地面纹理信息，与自建地图中的纹理图像进行配准对比，以此估计移动机器人当前位姿，实现移动机器人的定位，如图 4-17 所示。

视觉导航 AGV 目前在市场上的应用较少。视觉导航的优点是硬件成本较低，定位精确。缺点是运行的地面需要有纹理信息，当运行场地面积较大时，绘制导航地图的时间相比激光导航长。

（8）融合导航

融合（复合）导航指应用两种或两种以上导航方式实现 AGV 运行的方式，如图 4-18 所示。如二维码导航与惯性导航组合，利用惯性导航短距离定位精度高的特性，在两个二维码之间的导航盲区使用惯性导航；激光导航与磁钉导航组合应用，在定位精度要求较高的站台位置使用磁钉导航，增加 AGV 定位的稳定性。融合导航是为了使 AGV 适应各种使用场景常见的导航方式，也将越来越广泛地应用在各种 AGV 上。

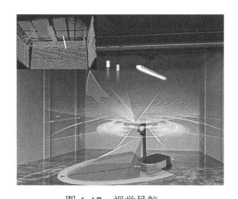
图 4-17　视觉导航

图 4-18　融合导航

AGV 各种导航方式的对比见表 4-3。

表 4-3　AGV 各种导航方式的对比

序号	导航方式	单机成本	地面施工	维护成本	抗磁性	灵活性	技术成熟
1	电磁导航	低	大	较低	否	最弱	成熟

（续）

序号	导航方式	单机成本	地面施工	维护成本	抗磁性	灵活性	技术成熟
2	磁带导航	低	大	较高	否	弱	成熟
3	二维码导航	低	较大	较高	否	弱	成熟
4	色带导航	低	较大	较高	是	弱	成熟
5	激光导航	高	较小	低	是	强	成熟
6	自然导航	高	小	低	是	强	成熟
7	视觉导航	较低	最小	低	是	强	一般

总之，AGV 作为先进的自动化搬运方案，已经被越来越多的行业和企业使用。AGV 的导航方式有很多，发展有先有后，都有各自的缺点和优势，需要根据实际的使用场景选用。

任务工单

任务名称	AGV 循迹定位		任务成绩	
学生班级			学生姓名	
所用设备			实施地点	
任务描述	1）通过书本和网络查询 AGV 导航方式有哪些 2）区分 AGV 不同的导航方式			
目标达成	1）AGV 导航方式有哪些 2）AGV 导航方式的工作原理是什么			
任务实施	1）AGV 的导航分类 通过案例引入 AGV 导航分类，讲解 AGV 的导航发展和导航分类 2）认知 AGV 导航原理 通过多媒体手段结合实验训练设备，讲解 AGV 导航原理			
任务评价	1）自我评价与自我认定 2）任课教师评价成绩			

 能力拓展——AGV 的基本功能和安全问题

1. AGV 必备的四大功能

AGV 作为自动运输系统，其主要的特点之一就是高度的智能化模式。AGV 能够实现工厂系统的运行管理、任务分发、交通管制、地图规划、自动充电控制等功能，同时还可与 MES、ERP 系统以及智能仓储的生产线系统实现无缝融合，打造柔性化、高度自动化的现代化物流模式。AGV 必备的四大功能如下。

（1）物料智能自动化输送功能

AGV 在工作过程中所要执行的搬运任务是由物流系统的管理主机发送至 AGV 的管理控制主机，进而可由管理控制主机来调度 AGV 执行相关的输送任务，如送货、取货、称重、充电、扫码等。当 AGV 接收到货物的搬运指令后，小车的车载控制器便会根据预先规划好的运行路线地图以及 AGV 的当前位置和行动方向进行计算与分析，选择合适的行驶路线。其次，再通过伺服驱动放大器来自动控制 AGV 的行驶速度以及转向，在到达装载货物的目标点准确停位后，AGV

身上的移载机构便会与取货位置的装置协同，完成装卸任务。随后 AGV 启动，驶向用户设定的卸货点，在准确停位后移载机构动作，顺利完成卸货。同时会向 AGV 的管理控制计算机报告它的实时位置以及状态。AGV 的管理控制主机便会将任务的执行情况发送到物流的系统管理主机，对物流系统进行统一的管理。如果 AGV 任务命令缓冲区中没有任务命令，那么 AGV 便会驶向待命区域或充电，当接到新的任务指令后便开始执行搬运任务。

（2）物料的自动调度功能

AGV 的自动调度系统连接 AGV 系统以及工厂生产系统、MES、ERP、WMS 等接口软件，AGV 系统的调度软件具有当前作业执行状态查询、作业历史记录查询、运行日志查询等功能，以及进行 AGV 系统与各个相关系统的信息交互、物料信息的自动调度功能。

（3）故障诊断功能

AGV 系统还具有完善的故障诊断功能。在 AGV 运行过程中，如果出现故障，用户能通过 AGV 的监控系统查看到 AGV 的运行状态以及运行日志，读取 AGV 的运行文件、AGV 中的人机交互设备，如 OPT10、OPT200 等，以不同方式进行设备的故障诊断。

（4）智能化、柔性化作业功能

AGV 的管理系统可负责处理接收命令、执行命令、相关参数的传输以及小车的监控，这些任务命令都可以从物流信息的管理系统以及 AGV 的自动输送系统、图形的监控工作站中进行发送。AGV 的管理系统运行十分稳定、可靠，并且还具有与外部连接的标准接口，能够方便地与其他管理系统进行无缝对接。

2. AGV 的六大安全问题

AGV 是 AGV 系统（Automated Guided Vehicle Systems，AGVS）的一个组成部分。目前讨论的主要是预定路径的 AGV，它是一种基于地面的物料搬运装置，由非接触式导航系统自动控制和导航，主要由安全装置（急停按钮、激光雷达、安全 PLC、安全速度模块）、控制装置、负载搬运装置、驱动装置、电池和电动机等组成。

与目前欧洲相关安全标准对比，国产 AGV 存在的最大问题是未考虑控制系统安全部分相应的安全要求，将普通控制功能和安全控制功能混为一谈，没有达到标准要求。国产 AGV 的六大安全问题总结如下：

（1）机械制动系统

国产 AGV 普遍没有机械制动系统，多数采用电子制动，不能够满足动作要求和制动要求。

安全要求：AGV 应安装机械制动系统。

功能要求：采用断电制动；电源中断、故障时工作；小车失去速度或转向时工作。

制动要求：制动装置要保证 AGV 及其允许的最大负载，能够保持在制造商规定的工作坡度上，即不溜车；考虑到负载、速度、摩擦、坡度和磨损的情况，制动系统在激光雷达的检测范围内能够停止；当车辆处于手动模式时，制动器应符合 ISO 6292 的要求。

（2）稳定性

目前，大部分搬运装置主要依靠摩擦力来保持货架与 AGV 的相对位置关系；紧急情况下，一旦按下急停按钮，货架很有可能会倾倒或者失稳。大部分 AGV 上未安装安全 PLC 或安全继电器，未考虑控制系统安全相关部分的性能等级要求。

安全要求：负载搬运装置应设计为在任何操作模式下，包括紧急停止和装卸时，负载不能从确定的位置移动；如果提升高度超过 1.8m，应通过试验验证；如果提升高度不超过 1.8m，可以通过计算验证。

稳定性要求：在所有操作位置，在负载搬运和行驶过程（包括紧急停止）中，应确保AGV的稳定性。

控制系统安全相关部分：如果 AGV 用于负载搬运、速度控制和转向控制的控制系统故障，可能导致 AGV 稳定性丧失，这些控制系统的安全相关部分应符合 ISO 13849-1:2015:Cat.2。

（3）充电系统

目前多数 AGV 充电连接器的设计较简单，存在意外触电的风险；多数 AGV 的电池是定制的，但定制时并未考虑相应安全标准，未通过相应安全认证，存在重大安全隐患；自动充电系统不能有效判断来充电的是否是AGV，以及相应规格等；充电系统安全部分不符合 ISO 13849-1:2015:Cat.1。充电连接应能防止意外触及 AGV 和充电桩上的充电连接。自动充电系统应设计为只有AGV 连接到充电系统时，才能启动充电连接；当 AGV 从充电系统离开时，应关闭充电连接；充电系统安全部分应符合 ISO 13849-1:2015:Cat.1。电池为铅酸和碱性（镍镉或镍铁）电池，应符合 EN 1175-15.1 的要求；对于其他类型的电池，需要满足相应标准要求。电池连接器应符合 EN 1175-1 附录 A 的相关要求。

（4）人员检测装置

目前人员检测装置存在检测盲区，不能覆盖AGV或货架的整个宽度；AGV 以及货物可能与人发生挤压或撞击；控制系统安全相关部分达不到 ISO 13849-1:2015:Cat.3 的要求。

安全要求：每个行驶方向都可以检测 AGV 或货物的整个宽度；在 AGV 的刚性部件/货物与人接触之前，发出信号提示，使 AGV 能够被制动系统停止。应尽可能靠近地面检测人员，还应满足试件直径 200mm、长度 600mm 时，与 AGV 路径与卡车的路径成直角，且位于行驶路径上的任何位置；直径 70mm、高度 400mm 的试件，垂直放置，在 AGV 路径内。

触发人员检测装置（如缓冲器），不会对人员造成伤害。此外，还应满足：试件直径 200mm、长度 600mm 时，触发力不得超过750N；试件直径 70mm、高度 400mm 时，触发力不得超过250N；缓冲器被从最大速度和负载下压缩到停止位置时的力不得超过 400N。

控制系统安全相关部分：人员检测装置的安全相关部件应符合 ISO 13849-1:2015:Cat.3。

（5）紧急停止

目前存在的问题是急停装置安装位置不合理，从两端和两侧不易触及；缺少急停按钮衬托色；急停功能不符合标准要求，未采用 0 类停机，未切断所有运动部件的危险电源；控制系统安全相关部分达不到ISO 13849-1:2015:Cat.3 的要求。

安全要求：紧急停止装置的执行器应易于从 AGV 的两端和两侧看到，可识别和接近。在AGV 端部承载负载的情况下，可以从另一端接近急停装置。

急停器件的按钮应为红色，周围衬托色应为黄色；应提供符合EN 13850标准的0类（断电）紧急停止装置；能够切断所有运动部件的危险电源；能够通过下列方法之一，中断正常的最大电流（包括电动机起动电流）：96V 以下（含96V），可使用附录A Range1 中定义的电池连接器；高于96V，电池连接器不得用于紧急断开；手动隔离器件，至少断开一极；手动操作控制开关能够切断电源接触器线圈的电源，同时能够切断开关电源电路（如逆变器或单独电动机的控制器）。

控制系统安全相关部分：急停装置的安全相关部分应符合 ISO 13849-1:2015:Cat.3。

（6）控制系统安全相关部分

AGV 控制系统安全相关部分需要满足的要求类别见表4-4。

表 4-4　AGV 控制系统安全相关部分需要满足的要求类别

控制系统		类别
速度控制	一般要求	1
	可能影响稳定性时	2
	人员检测装置的运行可能受到影响	3
电池充电控制		1
搬运	一般要求	1
	可能影响稳定性时	2
转向	一般要求	2
	可能影响稳定性时	1
警告系统（警示灯）		1
急停		3
人员检测装置		3
侧面防护		2
旁路人员检测装置		2
从装载端停止叉车		2

3. 激光导航 AGV 的关键技术

激光导航 AGV 具有对复杂环境的快速反应和分析判断能力，相比传统 AGV 更为精细、灵活且更具成本效益，因此，它的出现给传统 AGV 市场带来了严峻挑战。

（1）环境感知与建模技术

激光 AGV 环境感知技术是实现自主机器人定位、导航的前提，通过对周围的环境进行有效的感知，激光 AGV 移动机器人可以更好地进行自主定位、环境探索与自主导航等基本任务的实施。激光 AGV 移动机器人根据自身所携带的传感器对所处周围环境进行环境信息的获取，并提取环境中有效的特征信息加以处理和理解，最终通过建立所在环境的模型来表达所在环境的信息，因此传感器能否合理使用将直接影响移动机器人感知环境信息的准确性。

（2）即时定位技术

激光 AGV 自主移动机器人的即时定位，是在未知环境中从一个未知位置开始移动，在移动过程中根据位置估计和传感器数据进行自身定位，同时建造增量式地图，然而这些需要应用先进的 SLAM 算法实现。目前激光 SLAM 算法实现了激光 AGV 自主移动机器人±5mm 的高精度定位，实现快速建立工作场景地图、修正地图、自动定位导航等功能。

（3）自主规划路径技术

自主规划路径技术是激光导航 AGV 自主导航的最基本环节之一。所谓路径规划是指在有障碍物的工作环境中，按照某一性能指标搜索一条从起始状态到目标状态的最优或近似最优无碰路径。根据对环境信息的掌握程度不同，移动机器人路径规划分为全局路径规划和局部路径规划。全局规划就是在地图上预先规划一条线路，线路中要有当前机器人的位置，这是由 SLAM 系统提供的，一般通过先进的搜索算法来实现这个过程。另一个是局部规划，现实场景中有很多突发情况，如有障碍物挡道等，AGV 需局部调整原先的路径。

4. 使用 AGV 的注意事项

1）启动 AGV 前，应注意小车是否处于导引线中间。如果位置不正确，应关闭小车电源后将小车推到导引线中间后再启动小车。小车分车头和车尾，装有液晶屏的一侧为车头，另一侧为车尾，小车启动必须保证车头、车尾都在线，即导引线在车头、车尾的中间，左、右偏差可以为±10cm，小车启动后会自动调整车头、车尾，使之处于最佳位置。

2）启动 AGV 前，应查看小车顶端的红色急停按钮是否按下。如果处于急停状态，应旋转急停按钮使之弹出。

3）旋转车顶的钥匙，启动小车电源。如果听到"滴"一声短音，并且液晶显示屏上出现蓝色欢迎界面，表示小车启动成功。如果听到"滴——"的长音，表示小车启动未正常，应旋转钥匙回原位，关闭小车电源后稍等 5s 重新启动小车，直到启动成功为止。如果连续 3 次以上启动未成功，应尽快给小车充电。

4）AGV 启动正常后，两个黄色的停车灯短暂亮 3s 后熄灭，液晶显示屏上出现蓝色欢迎界面，小车进入内部系统自检过程。短暂自检后，小车进入正常运行状态，等待操作人员进行下一步操作。

5）AGV 内部铅酸蓄电池能支持连续工作 6h，如果正常运行中经常发生读地址卡不成功，或小车从停止状态启动不成功，应尽快给小车充电，充电时间应保证 8h。

6）AGV 充电时，需要将急停按钮按下，将钥匙开关逆时针旋转关闭小车电源。将充电器电源插头接通电源，充电器充电插头插入小车尾部的充电插座，开启充电器电源。小车顶部绿色充电灯亮，表示充电过程正常。查看充电器上各旋钮状态，充电电压必须选择 24V 档，充电电流顺时针旋转到最大位置。充电 8h 以后，应查看充电器上的电流表指针读数，当指针读数小于 1A 时，代表充电过程接近结束，可以将充电器拔下。

7）AGV 运行时，出现异常情况小车出轨后，应手动按下取消键紧急停车或按下急停按钮关闭小车电源。关闭小车电源后将小车推回导引轨道重新运行。小车内部提供出轨保护电路，当小车离开轨道运行 2s 后，小车自动停止运行，同样需要关闭小车电源后，将小车推回轨道运行。

8）由于场地有限，地图复杂，小车的速度尽量为 1 档或 2 档。当 AGV 在转弯运行时，应保证速度为 1 档；当小车在停车之前和从停车状态启动时，速度也必须为 1 档。直线运行时，可以选择 2 档，尽量不要使用 3 档和 4 档。

9）路径输入表最多支持 27 条路径，在小车屏幕上输入路径时，可通过 PAGEUP 和 PAGEDOWN 按键翻页。在屏幕上方会出现当前页号。AGV 可以选择由计算机远程设置或者小车手动设置。

 巩固训练

1. AGV 的导航方式有哪些？
2. 激光导航 AGV 有哪些优缺点？
3. 二维码导航 AGV 有哪些优缺点？
4. 磁带导航 AGV 有哪些优缺点？
5. 激光导航 AGV 有哪些关键技术？
6. AGV 对工作环境有哪些要求？
7. 试对 AGV 三大主流导航技术进行对比分析，完成表 4-5。

表 4-5　AGV 三大主流导航技术对比分析

对比项	磁带	二维码	激光 SLAM
导航方式	识别磁带物理位置信号	无码区：惯性导航 有码区：视觉+惯导	（　　　）
稳定性	中	（　　　）	高
硬件成本	低	高（避障激光+相机）	较高（激光雷达）
维护成本	高（磁带更换）	（　　　）	低
施工难度		低（二维码更换）	低（无须贴码）
柔性	需重新粘贴磁带，定制指令卡	（　　　）	（　　　）
环境适应性	车辆碾压易损坏	（　　　）	（　　　）

任务 4.3　检测障碍物控制

工作任务

1. 工作任务描述

掌握 AGV 检测障碍物的原理。

2. 学习目标

1）能力目标：掌握 AGV 检测障碍物的原理，认识自动避障常用的传感器。

2）知识目标：了解 AGV 的避障工作原理，掌握 AGV 的常用避障传感器，理解 AGV 的控制系统工作原理。

3）素质目标：培养仔细做事、独立思考的职业素养，培养正确表达自己思想的能力。

3. 教学组织设计

1）学生角色：操作者。

2）教学情境：企业生产部、设备维护部。

3）教学材料：学习参考材料、安全操作规范。

4. 教学过程

1）任务导入。

2）必备知识：安全操作规范。

3）技能训练：掌握 AGV 避障工作原理，认识常用传感器。

4）成果交流：小组讨论、交流。

5）教师点评：各组改进、作业。

知识储备——AGV 检测障碍物原理

1. AGV 自动避障

AGV 自动避障是指 AGV 搬运机器人依据采集的障碍物的状态信息，在自动行驶过程中经过传感器感知到阻碍其通行的静态和动态物体时，采取一定的办法停止或有效地自动避障，最后到达目标点。

传感器技术在 AGV 自动避障中起着十分关键的作用，完成AGV 常见故障和导航任务必须根据传感器获得周边环境信息、阻碍物尺寸、形状和位置等信息。当障碍物进到预警范围时，避障控制模块传出语音播报，并向自动控制系统主控制器发送预警信息内容。收到预警信息内容后，自动控制系统主控制板将回应帧发送至避障控制模块，操纵电动机降速或停车。

目前 AGV 搬运机器人的避障依据环境信息的控制水平，分为障碍物信息已知、障碍物信息局部未知或完整未知两种。传统的导航避障办法，如可视图法、栅格法、自在空间法等算法对障碍物信息已知时的避障问题处置尚可，但当障碍物信息未知或者障碍物可移动时，传统的导航方式普遍不能很好地处理避障问题或者基本不能避障。而实际生活中，绝大多数情况下，AGV 搬运机器人所处的环境都是动态的、可变的、未知的。为解决上述问题，引入了计算机和人工智能等范畴的一些算法。同时得益于处理器计算能力的进步及传感器技术的发展，在 AGV 搬运机器人的平台上进行一些复杂算法的运算也变得轻松，由此产生了一系列智能避障办法。

目前，完成避障与导航的必要条件是环境感知，在未知或者是局部未知的环境下避障需要经过传感器获取四周环境信息，包括障碍物的尺寸、外形和位置等，因而传感器技术在 AGV 搬运机器人避障中起着非常重要的作用。AGV 自动避障常用的传感器主要有超声波传感器、视觉传感器、红外传感器、激光传感器等。这几种传感器各有优缺点。如基于三角形测距的红外传感器成本很低，但探测不可靠，无法有效探测黑色物体；超声波传感器能有效探测到玻璃等物体，但声波可控性较差，容易引起探测的误报，同时不同超声波模块之间的串扰现象也无法解决；激光传感器受控性较好，但对于玻璃等透明物体的探测还是受限于光束的物理特性，无法全部有效探测；视觉传感器成本较高，现阶段技术还不完善，存在探测盲区问题等。

2. AGV 搬运机器人无法自动避障的故障

AGV 搬运机器人主要依赖避障传感器及避障控制算法共同完成自动避障，所以，当 AGV 搬运机器人无法自动避障时，需要考虑的故障问题也只有避障传感器及避障控制算法。

（1）传感器失效

从原理上来讲，没有哪种传感器是完美的。比方说 AGV 搬运机器人面前是一块完全透明的玻璃，那么采用红外、激光或视觉传感器方案，就可能因为光线直接穿过玻璃导致检测失败，这时就需要使用超声波传感器进行障碍物检测。所以，在应用过程中，需要采取多种传感器的结合，对不同传感器采集到的数据进行交叉验证以及信息融合，保证 AGV 搬运机器人能够稳定、可靠地工作。

除此之外还有其他模式可能导致传感器失效，如超声波测距，一般需要超声阵列，而阵列之间的传感器如果同时工作，则容易互相干扰，传感器A发射的光波反射回来被传感器B接收，导致测量结果出现错误。但如果传感器按照顺序逐个工作，将使超声波传感器采样的周期相对变长，从而减慢整个信息采集的速度，对实时避障造成影响，这就要求对 AGV 从硬件结构到算法进行整体设计，尽可能提高采样速度，减小传感器之间的串扰。

又如，AGV 搬运机器人要运动，一般都需要配置电动机和驱动器，它们在工作过程中都会产生电容兼容性问题，有可能导致传感器采样出现错误，尤其是模拟传感器，所以在实现过程中要把电动机、驱动器等设备、传感器的采样部分，以及电源通信部分保持隔离，保证整个系统能够正常工作。

（2）算法设计

很多算法在设计时并没有完善考虑整个 AGV 搬运机器人本身的运动学模型和动力学模型，这样的算法规划出来的轨迹有可能在运动学上实现不了，也有可能在运动学上可以实现，但控制起来非常困难。如一台 AGV 搬运机器人的底盘是汽车结构，那么该 AGV 搬运机器人就不能随心所欲地在原地转向，或者这台 AGV 搬运机器人可以原地转向，但电动机无法执行大的转向动作。所以在设计算法时，需要优化 AGV 搬运机器人本身的结构和控制，设计避障方案时，也要考虑可行性的问题。

在设计整个算法架构时，还要考虑为了避让或者是避免伤人或者伤 AGV 搬运机器人本身，在工作时，避障是优先级比较高的任务，甚至是优先级最高的任务，并且如果自身运行的优先级最高，则对 AGV 搬运机器人的控制优先级也要最高，同时这个算法实现起来速度要足够快，这样才能满足实时性的要求。

总之，避障在某种程度上可以看作 AGV 搬运机器人在自主导航规划的一种特殊情况，相比全局导航，它对实时性和可靠性的要求更高一些。局部性和动态性是避障的特点，需要在设计AGV 搬运机器人整体硬件、软件架构时加以注意。

3. AGV 搬运机器人保养及注意事项

（1）AGV 搬运机器人的日常保养方法

1）检查设备外观，保持车体及操作面板干净清洁，清洁灰尘、油污等杂物，建议每天 1 次。

2）定期检查 AGV 操作面板及按钮，保证面板上的开关按钮正常并保持干燥，建议每天1 次。

3）定期检查安全防护装置，包括检查 AGV 搬运机器人的机械防撞传感器、障碍物传感器、路径检测传感器能否正常工作，建议每天 1 次。

4）定期检查 AGV 搬运机器人的万向轮、螺钉、驱动轮、驱动轮减振器等是否存在异常，建议每天 1 次；定期检查天线通信，保持信息通信正常，建议每天 1 次。

5）严禁淋雨或接触腐蚀性物体。

6）使用 AGV 物流系统时应注意必须先启动中央控制信息系统。

7）长期不使用 AGV 搬运机器人时要关闭电源，如节假日期间。

8）AGV 搬运机器人正常运行时，严禁进行程序参数修改。

9）定期清洁驱动轮的传动机构，添加润滑油，建议每月至少 1 次。

10）定期给升降挂（吊）钩清洁及添加润滑油，建议每周 1、2 次。

（2）AGV 搬运机器人注意事项

1）注意保持操作面板干净清洁，每天清洁灰尘、油污等杂物。

2）由于操作面板中触摸屏、音乐盒等电气元件容易受潮损坏，应注意保持干燥。

3）清洁操作面板时建议使用湿抹布擦拭，应注意不要使用油污净等有腐蚀性的清洁剂。

4）移动 AGV 时，必须先把驱动提升起来，当由于某些原因不能提升驱动时，必须关闭AGV 电源，严禁 AGV 在开机且驱动未提升的状态下移动。

5）当因突发情况需要紧急停止 AGV 时，应使用急停按钮，严禁使用拖拽或其他干扰方式迫使 AGV 停车。

6）操作面板上严禁陈列物品。

7）不私自对 AGV 设备进行改装、拆卸（如果一定要改造，也要听取 AGV 厂商意见）。

8）正常运行时严禁修改程序参数，使用 AGV 物流系统时必须先启动中央控制信息系统。

9）AGV 出现故障需要维修时，不要私自进行维修，需及时与 AGV 厂商联系，说明 AGV 的故障情况，待 AGV 厂商至故障现场进行维修。

📝 任务工单

任务名称	AGV 检测障碍物		任务成绩	
学生班级			学生姓名	
所用设备			实施地点	
任务描述	1）通过书本和网络查询"AGV 自动避障的工作原理是什么？" 2）区分 AGV 不同的避障所采用的传感器			
目标达成	1）AGV 自动避障的工作原理是什么 2）AGV 不同的避障所采用的传感器有哪些？			
任务实施	1）AGV 自动避障的工作原理 通过案例引入 AGV 自动避障，讲解 AGV 自动避障的工作原理 2）认知 AGV 常用的自动避障传感器 通过多媒体手段结合实验实训设备，讲解 AGV 常用的自动避障传感器			
任务评价	1）自我评价与自我认定 2）任课教师评价成绩			

⚙️ 能力拓展——AGV 控制系统应用

1. AGV 控制系统深度分析

AGV控制系统中的三个主要技术包括AGV 的导航（Navigation）、AGV的路径规划（Layout Designing）和 AGV 的导引（Guidance）控制。

AGV 控制系统分为地面（上位）控制系统、车载（单机）控制系统及导航/导引系统，如图 4-19 所示，其中，地面控制系统指 AGV 系统的固定设备，主要负责任务分配、车辆调度、路径（线）管理、交通管理和自动充电等功能；车载控制系统在收到上位控制系统的指令后，负责 AGV 的导航计算、导引实现、车辆行走和装卸操作等功能；导航/导引系统为 AGV 单机提供系统绝对或相对位置及航向。

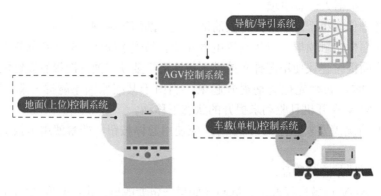

图 4-19　AGV 控制系统

AGV 控制系统是一个复杂的控制系统，加之不同项目对控制系统的要求不同，更增加了控制系统的复杂性，因此，AGV 控制系统在软件配置上设计了一套支持 AGV 项目从路径规划、流程设计、系统仿真到项目实施全过程的解决方案。地面控制系统提供了可灵活定义AGV系统流程的工具，可根据用户的实际需求规划或修改路径或系统流程；而地面控制系统也提供了可供用户定义不同 AGV 功能的编程语言。

2．地面控制系统

AGV 地面控制系统（Stationary System）即AGV上位控制系统，是AGV系统的核心。其主要功能是对AGV系统（AGVS）中的多台AGV单机进行任务管理、车辆管理、交通管理和通信管理等，如图 4-20 所示。

图 4-20 AGV 地面控制系统

1）任务管理。任务管理类似计算机操作系统的进程管理，它提供对 AGV 地面控制程序的解释执行环境；提供根据任务优先级和启动时间的调度运行；提供对任务的各种操作，如启动、停止、取消等。

2）车辆管理。车辆管理是 AGV 管理的核心模块，它根据物料搬运任务的请求，分配调度 AGV 执行任务，根据AGV 行走时间最短原则，计算AGV的最短行走路径，并控制指挥AGV的行走过程，及时下达装卸货和充电命令。

3）交通管理。根据 AGV 的物理尺寸大小、运行状态和路径状况，提供AGV 互相自动避让的措施，同时避免车辆互相等待的死锁方法和出现死锁的解除方法；AGV 的交通管理主要有行走段分配和死锁报告功能。

4）通信管理。通信管理提供 AGV 地面控制系统与 AGV 单机、地面监控系统、地面IO 设备、车辆仿真系统及上位控制计算机的通信功能。AGV地面控制系统和AGV间的通信使用无线电通信方式，需要建立一个无线网络，AGV 只和地面系统进行双向通信，AGV间不进行通信，地面控制系统采用轮询方式和多台AGV通信；AGV 地面控制系统与地面监控系统、车辆仿真系统、上位控制计算机的通信使用 TCP/IP 通信。

车辆驱动：AGV驱动负责AGV状态的采集，并向交通管理发出行走段的允许请求，同时把确认段下发 AGV。

3．车载控制系统

AGV 车载控制系统（On Board System）即 AGV 单机控制系统，在收到上位系统的指令后，负责 AGV 单机的导航/导引、路径选择、车辆驱动和装卸操作等功能。

1）导航（Navigation）。AGV 单机通过自身装备的导航器件测量并计算出所在全局坐标系中的位置和航向。

2）导引（Guidance）。AGV 单机根据现在的位置、航向及预先设定的理论轨迹来计算下个周期的速度值和转向角度值，即 AGV 运动的命令值。

3）路径选择（Searching）。AGV 单机根据上位系统的指令，通过计算预先选择即将运行的路径，并将结果报送上位控制系统，能否运行由上位控制系统根据其他 AGV 所在的位置统一调配。AGV 单机行走的路径是根据实际工作条件设计的，它由若干段（Segment）组成。每一段都指明了该段的起始点、终止点，以及 AGV 在该段的行驶速度和转向等信息。

4）车辆驱动（Driving）。AGV 单机根据导引的计算结果和路径选择信息，通过伺服器件控制车辆运行。

4. AGV 的关键技术

（1）AGV 避障传感技术

AGV 避障传感技术是指 AGV 带有自动测距系统，在测定障碍物距离后，会根据不同的障碍物距离进行多级的减速缓冲停车，并且会实时地量化测量障碍物距离，同时智能 AGV 采用覆盖式障碍物测量，不受外界的各种干扰因素影响，抗干扰能力十分强大。

（2）AGV 导航及定位技术

作为AGV技术研究的核心部分，AGV 导航及定位技术的优劣将直接关系着 AGV 的性能稳定性、自动化程度及应用实用性。

（3）AGV 行驶路径规划

AGV行驶路径规划解决AGV从出发点到目标点的路径问题，即"如何去"的问题。现阶段国内外已经有大量的人工智能算法应用于 AGV 行驶路径规划中，如蚁群算法、遗传算法、图论法、虚拟力法、神经网络和 A*算法等。

（4）AGV 作业任务调度

AGV 作业任务调度是指根据当前作业的请求对任务进行处理，包括对基于一定规则的任务进行排序并安排合适的 AGV 处理任务等。需要综合考虑各个AGV 的任务执行次数、电能供应时间、工作与空闲时间等多个因素，以达到资源的合理应用和最优分配。

（5）AGV 多机协调工作

AGV 多机协调工作是指如何有效利用多个 AGV 共同完成某一复杂任务，并解决过程中可能出现的系统冲突、资源竞争和死锁等一系列问题。现在常用的多机协调方法包括分布式协调控制法、道路交通规则控制法、基于多智能体理论控制法和基于Petri 网理论的多机器人控制法。

（6）AGV 运动控制技术

不同的车轮机构和布局有着不同的转向和控制方式，现阶段 AGV 的转向驱动方式包括两种：两轮差速驱动转向方式，即将两独立驱动轮同轴平行地固定于车体中部，其他的自由万向轮起支撑作用，控制器通过调节两驱动轮的转速和转向，可以实现任意转弯半径的转向；舵轮控制转向方式，即通过控制舵轮的偏航角实现转弯，存在小转弯半径的限制。

运动控制系统通过安装在驱动轴上的编码器反馈组成一个闭环系统，目前基于两轮差速驱动的AGV路径跟踪方法主要有 PID 控制法、最优预测控制法、专家系统控制法、神经网络控制法和模糊控制法。

（7）AGV 信息融合技术

信息融合是指利用多源信息的关联组合，充分识别、分析、估计和调度数据，完成下达决策和处理信息的任务，并对周围环境、状况等进行适度的估计。目前，在导航研究中应用的信息融合技术主要有 Kalman 滤波、贝叶斯估计法与 D-S 证据推理等，其中 Kalman 滤波应用最广泛。Kalman 滤波具有良好的实时性，但它是建立在严格的数学模型的基础上，当导引模型存在较大建模误差或者系统特性发生变化时往往会导致滤波发散。为提高滤波算法的鲁棒性和自适应能力，可针对AGV 的导引要求与特点，研究适当的自适应Kalman滤波算法、鲁棒滤波算法或智能滤波（如模糊推理、神经网络、专家系统）算法等。

 巩固训练

1．AGV 自动避障的工作原理是什么？

2．AGV 搬运机器人自动避障常用的传感器有哪些？各有什么优缺点？

3．AGV 搬运机器人无法自动避障的原因有哪些？

项目五　智能仓储系统控制

任务 5.1　认识智能仓储系统

📖 工作任务

1. 工作任务描述

认识智能仓储系统。

2. 学习目标

1）能力目标：认识智能仓储系统。

2）知识目标：掌握智能仓储系统的定义和分类，掌握智能仓储系统规划的步骤。

3）素质目标：培养仔细做事、独立思考的职业素养，培养正确表达自己思想的能力。

3. 教学组织设计

1）学生角色：操作者。

2）教学情境：企业生产部、设备维护部。

3）教学材料：学习参考材料、安全操作规范。

4. 教学过程

1）任务导入。

2）必备知识：安全操作规范。

3）技能训练：掌握智能仓储系统的定义、分类及规划的步骤。

4）成果交流：小组讨论、交流。

5）教师点评：各组改进、作业。

✍ 知识储备——智能仓储的基本知识

1. 行业发展阶段、产业链及核心价值分析

（1）仓储行业发展阶段

物流仓储发展主要经历了人工仓储、机械化仓储、自动化仓储、集成自动化仓储、智能自动化仓储五个阶段。人工仓储即物资的输送、存储、管理和控制主要靠人工实现；机械化仓储，则以输送机、堆垛机、升降机等机械设备代替人工为主要特点；自动化仓储则在机械化仓储的基础上引入了 AGV（自动导引小车）、自动货架、自动存取机器人、自动识别和自动分拣等先进设备系统；集成自动化仓储则以集成系统为主要特征，实现整个系统的有机协作。

现阶段我国仓储发展正处在自动化阶段，主要应用 AGV、自动货架、自动存取机器人、自动识别和自动分拣系统等先进物流设备，通过信息技术实现仓储的实时控制和管理。货物到达仓库后，由输送机实现入库，由堆垛机与升降机完成货物上架；出库时由 AGV 将货物运至分拣台，自动分拣系统完成分拣出库，并由堆垛机完成出库时的货物堆垛。同时，信息系统能记录订货和到货时间，显示库存量，计划人员可以方便地做出供货决策，管理人员可以随时掌握货源的供应及需求。

（2）智能仓储产业链

智能仓储产业链主要分为上、中、下游三个部分。上游为设备提供商和软件提供商，分别提供硬件设备（输送机、分拣机、AGV、堆垛机、穿梭车、叉车等）和相应的软件系统（WMS、WCS 等）；中游是智能仓储系统集成商，根据行业的应用特点使用多种设备和软件，设计建造智能仓储物流系统；下游是应用智能仓储系统的各个行业，包括烟草、医药、汽车、零售、电商等诸多行业。如图 5-1 所示。

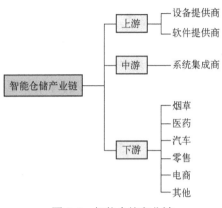

图 5-1　智能仓储产业链

根据业务性质分类，智能仓储主要应用于两大领域：工业生产物流和商业配送物流。工业生产物流服务于生产，对工厂内部的原材料、半成品、成品及零部件等进行存储和输送，侧重于物流与生产的对接；商业配送物流系统为商品流通提供存储、分拣、配送服务，使商品能够及时到达指定地点，侧重于连接工厂、贸易商、消费者。

根据业务形态的不同，有的系统集成商同时也制造物流设备、开发物流软件，中游的系统集成商处于整个产业链的核心地位。目前比较知名的系统集成商大都是由上游物流设备提供商或物流软件开发商演变而来，一部分是由物流设备的生产厂家发展而来，这类企业的硬件技术较强，如日本 DAIFUKU（大福）物流自动化设备公司、美国德马泰克公司、中国昆船物流信息产业有限公司等；另一部分是由物流软件开发商发展而来，这类企业在软件技术开发上具有较强的竞争实力，以瑞士瑞仕格公司、中国今天国际物流技术股份有限公司为典型代表。

（3）智能仓储核心价值分析

智能仓储产业链中，中游的系统集成商处于整个产业链的核心地位，由于物流仓储系统不是简单的设备组合，而是以系统思维的方式对设备功能的充分应用，并保证软硬件接口的无缝和快捷，目的是实现集成创新，是一个全局优化的复杂过程。只有运用系统集成的方法，才能使各种物料最合理、经济、有效地流动，实现物流的信息化、自动化、智能化、快捷化和合理化。仓储物流系统综合解决方案提供商通常在该领域具有整体规划、系统设计和整合行业资源的能力，起到了积极而不可替代的作用。

综上所述，智能仓储以人工智能技术为发展方向，以信息技术成为仓储自动化的核心。智能仓储与传统仓储的对比见表 5-1。

表 5-1　智能仓储与传统仓储的对比

对比项	智能仓储	传统仓储
空间利用率	充分利用仓库的垂直空间	需占用大面积土地，空间利用率低
储存量	远远大于普通的单层仓库，节约 70% 以上的土地	单层仓库
储存形态	动态储存，货物在仓库内能够按需要自动存取	静态储存，只是货物储存的场所，保存货物是其唯一的功能

（续）

对比项	智能仓储	传统仓储
作业效率	货物在仓库内按需要自动存取	主要依靠人力，货物存取速度慢
人工成本	可以带来80%左右劳动力成本的节约	人工成本高
环境要求	能适应黑暗、低温、有毒等特殊环境的要求	受黑暗、低温、有毒等特殊环境影响很大

2. 市场格局

（1）我国智能仓储的市场规模

从企业数量来看，高工机器人产业研究所（GGII）数据显示，2016年仓储行业企业数量达5.2万家，从2010年的1.7万家增长至2016年的5.2万家，年复合增长率为20.4%。截至2016年底，全国累计建成的自动化立体库已经超过3000座。

从行业供应方面来看，GGII数据显示，2016年仓储行业新增固定资产规模达5885.1亿元，同比增长22.5%。从数据可以看出，固定资产规模正急剧扩张，由2010年的992.2亿元增长至2016的5885.1亿元，年复合增长率为34.5%。

GGII认为，中国经济的持续健康发展和中国物流业的崛起为仓储业的发展提供了巨大的市场需求，加上制造业、商贸流通业外包需求的释放和仓储业战略地位的加强，未来智能仓储存在巨大市场需求。

全球部分智能仓储代表企业主要产品及优势、客户对象及应用领域见表5-2。

表5-2　全球部分智能仓储代表企业主要产品及优势、客户对象及应用领域

代表企业	主要产品及优势	客户对象与应用领域
日本大福物流自动化设备公司	大型的综合物流系统集成商，将仓储、搬运、分拣和管理等多种技术综合为最佳、最理想的物料搬运系统	汽车生产自动化、基础制造业、流通业、半导体、液晶制造业、机场行李搬运业以及自动洗车机、社会福利及环保设施的制造、销售及相关售后服务行业
德国胜斐迩集团	整体解决方案供应商和优质产品系统的组件制造商，货架系统和轻型货架系统、运输和仓储周转箱、物流系统、车间设备，为客户提供增值服务和解决方案	汽车制造、制动系统、食品生产以及电气传动等行业
美国德马泰克公司	大型的综合物流系统集成商，主要生产存储与缓存产品、分拣系统、码垛系统、输送系统、拣选系统以及物流软件	服装、电子商务、食品饮料、家居产品、保健品、电子制造以及机械零部件生产行业

（2）智能仓储行业未来市场需求

烟草、医药、汽车行业仓储未来改造需求广阔。中国物流技术协会信息中心数据显示，国内智能物流仓储系统主要集中在烟草、医药和汽车等对自动化要求较高的行业，三个行业的智能仓储需求约占总需求的1/3。汽车、医药和烟草行业的仓储自动化普及率分别为38%、42%和46%，高于国内20%、低于发达国家80%的平均水平，未来工厂物流的改造空间巨大。

烟草行业自动化程度高、货物存储量大，流通环节配送物流量大、信息化程度高，且烟草实行专卖管理，产品要求具有可追溯性。烟草行业是国内较早使用自动化物流系统的行业之一，现役的自动化物流系统在烟草行业占比最高，未来烟草工业领域对自动化物流系统的需求仍将保持稳定，烟草原叶及流通领域对自动化物流系统的需求已经起步并将快速提升。

汽车行业的自动化水平较高，零部件种类繁多，且不同零部件的配送方式差异较大，对零部件物流的及时性、准确性要求高。自动化物流系统在国内汽车行业中应用广泛，如东风汽车自动化物流仓储系统、神龙汽车有限公司武汉工厂零部件配送中心、第一汽车制造厂零配件立体库等，汽车行业对自动化物流系统的需求量较大。

医药行业的自动化水平较高，原材料和成品种类众多，并且批号要求严格、有效期管理要求高，存货管理复杂、难度大。自动化物流系统在国内医药企业中应用较多，如北京双鹤药业工业园生产自动化立体库、国药集团医药控股有限公司上海自动化物流配送中心、三精制药股份有限公司物流配送中心、扬子江药业集团公司自动化综合库和成品库、北京医药股份有限公司物流配送中心等。自动化物流系统的使用提升了医药企业经营管理效率，自动化物流系统在医药行业中具有较大的市场空间。

电商行业需求将是未来智能仓储重要的增长引擎。电商行业仓储虽然仅占立体仓储的5%，但是近年来电商发展迅速，未来其带来的智能仓储需求将成为重要的增长引擎。

电子商务的快速发展，其配套设施服务也需跟上，而其中最重要的是仓储、配送等物流服务。电子商务间的竞争，最终转变为后端物流之争，谁的物流服务好，谁将赢得更多客户。与传统零售相比，电子商务对仓储配送物流的依赖度更高，达 60%。

智能仓储领域 A 股上市公司基本情况见表 5-3。

表 5-3 智能仓储领域 A 股上市公司基本情况

公司	基本情况
东杰智能	山西东杰智能物流装备股份有限公司，2015 年上市，国内最大智能物流装备制造商和集成商之一。主要产品包括智能物流输送系统、智能物流仓储系统和机械式立体停车系统
天奇股份	天奇自动化工程股份有限公司，2004 年上市。主营产品包括自动化输送系统、自动化仓储系统、为提供技术支撑的系统集成控制软件，以及风力发电机组、零部件的开发、设计、制造及售后服务
诺力股份	诺力智能装备股份有限公司，2015 年上市。主营业务从事轻小型搬运车辆及电动仓储车辆的研发、生产、销售，主要产品包括轻小型搬运车辆、电动步行式仓储车辆和电动乘驾式叉车
音飞储存	南京音飞储存设备（集团）股份有限公司，2015 年上市。公司专业从事仓储货架的生产和销售，是国内较大的仓储货架供应商之一。公司产品包括一般货架、特种货架、阁楼式货架、立体库高位货架和自动化系统集成
德马科技	浙江德马科技股份有限公司，2001 年成立。公司主营业务为从事物流及自动化输送分拣核心零部件产品和输送分拣关键设备及其产品解决方案的设计、制造和销售
顺达智能	无锡顺达智能自动化工程股份有限公司，2014 年挂牌，是国内专业的厂内物流智能化解决方案供应商。公司产品主要由智能输送、装配装备和低碳环保涂装生产线装备两大类构成

3. 智能仓储的特点和发展前景

国内最成熟的智能仓储解决方案除了具备全面物资管理功能外，还具有以下功能：

动态盘点：支持"多人+异地+同时"盘点，盘点的同时可出入库记账，盘点非常直观。

动态库存：重现历史时段库存情况，方便财务审计。

单据确认：入库、出库、调拨制单后需要进行确认，更新库存。

RFID 手持机管理：使用手持 RFID 机进行单据确认、盘点、查询统计。

货位管理：RFID 关联四号定位（货架层位）。

质检管理：强检物品登记、入库质检确认、外检通知单。

定额管理：领料定额、储备定额、项目定额。

全生命周期管理：物资从入库到出库直至报废全过程管理。

工程项目管理：单项工程甲方供料管理。

需求物资采购计划审批：包括审批权限、审批流程、入库通知单，实现无限制审批层级。

智能仓储解决方案还配有入库机、出库机、查询机等诸多硬件设备可选。智能仓储是物流过程的一个环节，智能仓储的应用保证了货物仓库管理各个环节数据输入的速度和准确性，确保企业及时、准确地掌握库存的真实数据，合理保持和控制企业库存。通过科学的编码，还可以方便地对库存货物的批次、保质期等进行管理。利用 SNHGES 系统的货位管理功能，更可以及时掌握所有库存货物当前所在位置，有利于提高仓库管理的工作效率。

物联网技术在智能仓储中的应用，主要有以下几方面的特点：首先，感知技术应用情况比较良好。在我国仓储业应用最多的物联网感知技术是 RFID 技术，在一些先进的仓储配送中心，RFID 标签及智能无线射频（RF）手持终端应用广泛。这是因为 RFID 技术与托盘系统结合，在仓储配送中心闭环应用，可以有效降低成本。在普通的仓储系统中，除了基于条码的自动识别技术具有广泛应用外，电子标签辅助拣选系统也有一定的应用。这里的电子标签指的不是 RFID 标签，而是采用电子指示标签进行拣选作业的系统。利用这一系统将出入库订单经计算机系统分解后，传输到货架各货位，再用电子显示技术引导拣货，简洁实用，应用较广。

目前，一种基于辅助语音拣选的系统也开始在国内得到应用。借助无线网络和戴在拣货员头上的耳机，向拣货员发出拣货指令，完成拣选作业。

现代物流最大的趋势就是网络化与智能化。在制造企业内部，现代仓储配送中心往往与企业生产系统相融合，仓储系统作为生产系统的一部分，在企业生产管理中起着非常重要的作用。因此，仓储技术的发展不是跟公司的业务相互割裂，而是与其他环节整合才更有助于仓储行业的发展。

4. 智能仓储的定义和分类

（1）智能仓储的定义

智能仓储系统是运用软件技术、互联网技术、自动分拣技术、光导技术、射频识别（RFID）、声控技术等先进的科技手段和设备对物品的进出库、存储、分拣、包装、配送及其信息进行有效的计划、执行和控制的物流活动。智能仓储系统主要包括识别系统、搬运系统、储存系统、分拣系统以及管理系统，如图 5-2 所示。

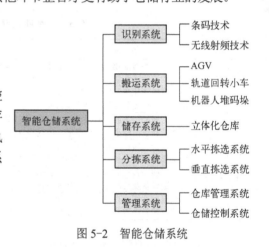

（2）智能仓储主要技术分类

智能仓储主要技术分类见表 5-4。

图 5-2　智能仓储系统

表 5-4　智能仓储主要技术分类

主要技术	原理
RFID	利用超高频RFID系统雷达反射原理的自动识别系统，读写器通过天线向电子标签发出微波查询信号，电子标签被读写器微波能量激活，接收到微波信号后应答并发出带有标签数据信息的回波信号。RFID 技术的基本特点是采用无线电技术实现对静止的或移动的物体进行识别，达到确定待识别物体的身份、提取待识别物体的特征信息（或标识信息）的目的
AGV	AGV 指装备有电磁或光学等自动导引装置，能够沿规定的导引路径行驶，具有安全保护以及各种移载功能的运输车，工业应用中不需要驾驶员的搬运车，以可充电的蓄电池为其动力来源。一般可通过计算机来控制其行进路线以及行为，或利用电磁轨道来设立其行进路线，电磁轨道贴于地板上，无人搬运车则依循电磁轨道所带来的信息进行移动与动作
机器人堆码垛	托盘码垛机器人是能将不同外形尺寸的包装货物，整齐、自动地码（或拆）在托盘上的机器人。为充分利用托盘的面积和码堆物料的稳定性，机器人具有物料码垛顺序、排列设定器。根据码垛机构的不同，可以分为多关节型和直角坐标型。根据夹具形式的不同可以分为侧夹型、底拖型、真空吸盘型
立体化仓库	立体化仓库又称高层货架仓库、自动存取系统（Automatic Storage/Retrieval/System AS/RS）。它一般采用几层、十几层甚至几十层高的货架，用自动化物料搬运设备进行货物出库和入库作业。立体化仓库一般由高层货架、物料搬运设备、控制和管理设备及土建公用设施等部分构成
仓库管理系统	仓库管理系统（WMS）是通过入库业务、出库业务、仓库调拨、库存调拨和虚仓管理等功能，综合批次管理、物料对应、库存盘点、质检管理、虚仓管理和即时库存管理等功能综合运用的信息化管理系统，WMS有效控制并跟踪仓库业务的物流和成本管理全过程，实现完善的仓储信息管理。该系统既可以独立执行物流仓储库存操作，也可以实现物流仓储与企业运营、生产、采购、销售智能化集成
仓库控制系统	仓库控制系统（WCS）位于 WMS 与物流设备之间的中间层，负责协调、调度底层的各种物流设备，使底层物流设备可以执行仓储系统的业务流程，并且这个过程完全是按照程序预先设定的流程执行，是保证整个物流仓储系统正常运转的核心系统

任务工单

任务名称	认识智能仓储系统	任务成绩	
学生班级		学生姓名	
所用设备		实施地点	
任务描述	1）通过书本和网络查询"智能仓储发展的政策环境和产业环境" 2）自查智能仓储系统是什么？有哪些		
目标达成	1）智能仓储系统的定义和分类分别是什么 2）智能仓储系统的规划步骤分几步		
任务实施	1）智能仓储系统的定义和分类 通过案例引入智能仓储系统，讲解其定义和分类 2）认知智慧仓储规划的五个步骤 通过多媒体手段结合实验实训设备，讲解智慧仓储规划的五个步骤		
任务评价	1）自我评价与自我认定 2）任课教师评价成绩		

能力拓展——智能仓储规划

1. 智能仓储规划操作步骤

不同的仓储可以有很多种分类方式，再根据不同的行业环境、设施环境等，又会有不同的规划结果，几乎是无穷的。但从大的分类上看是有规律可循的。在仓储规划中，既要关注细节，同时也要更加注意顶层设计。仓储是物流中的一个战略节点，仓储规划的局限性会影响整个物流系统的全局性。从以下五个步骤可以对智能仓储进行系统性规划，如图5-3所示。

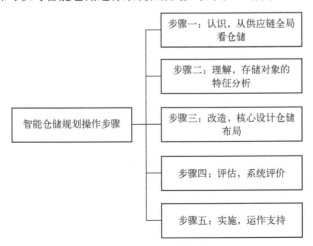

图5-3　智能仓储规划操作步骤

（1）步骤一：认识，从供应链全局看仓储

对仓储进行规划，从专业的规划角度出发，首先还是要从供应链的角度看，可以把供应链的结构当作一个理解事物的工具，理解将要规划的仓储是处在一个什么样的环境中。

1）从这样的视角去规划所带来的好处是更加具有前瞻性。具体体现在以下几方面：

纵观全局，有助于更加清晰地理解所规划的节点在当前应该解决什么问题？可能出现什么风险？在未来可能会如何演变？帮助客户从专业和更为宏观的角度去审视和理解后面将要陈述的方案。

2）定位清晰。不同的仓储节点的功能规划，所规划的要素参数一定不同，简单说，原料仓和成品仓中，流程要素大多一样，但是作业方式和效果可能完全不同，所以从全局的角度把仓储定位搞清楚，规避可能出现的偏差。

3）架构清晰。物流活动是由供应链（企业运营）触发的，那么在对当前活动规划时，必然需要了解触发的原因，用专业化语言表述，就是要做好接口，将仓储模块化，当上游发生变化时，仓储模块或者仓储里的子模块可以很好地调整内部结构和过程。

（2）步骤二：理解，存储对象的特征分析

深刻理解仓储中的对象。核心对象主要是以存储的物料为主，仓库中的物料很多，有的会有数万种最小存货单位（SKU），那么就得进行分类。分类方式有很多，可以按大小、按品类、按管理方式分类。总之，具体问题具体分析，最终在于理解仓储中的对象特征，才能进行最合理的规划。理解对象可以参考以下几方面：

1）从物料外观进行物理属性分析。分析物料的物理属性是对存储对象最基础的认识，分析所要规划对象的外形特征，包括长、宽、高，便于容器和货位尺寸的规划，梳理存储对象所要求的存放条件，如温度要求、通风要求、消防要求、摆放要求等。从不同的行业看，零售、化工、汽车零部件、医药、装备零部件等，无穷无尽的物料在某个仓库里存储和分拣，因此对于物料物理属性的分析是首要的，也是必不可少的，这个过程也可以看成是对一个静态环境的分析。

2）从数据特征进行数据分析。对仓储对象进行数据分析是另一个重要的分析环节，最通用的分析方法就是 EIQ 分析，即基于前面的物料分类，然后对其按订单、物料（商品）等多维度进行分析，找出分类对象在一个动态环境中的特征。物料的进出作业可能存在季节性，存在高频次和低频次，每一天也存在多个波次。

数据特征的分析方法，根据仓储规划的需要，大致可以分为两种类型，一种是对数据做一些简单的处理来寻找特征，如找到出入库数据的峰值、谷值、平均值或是一些表现频次的数据等；另一种需要用到仿真模型输入的分布函数，通常是通过概率统计得出，找到其发生的概率进行模拟，评估所设计的方案是否可行。总之，通过相对详细的数据分析能帮助操作人员选择不同的仓储运作策略进行操作。

最后从运作过程进行流程分析。在仓储规划中，对流程进行分析或配置是串联整个仓储活动最重要的步骤之一。为了对仓储流程分析得更清晰，可以构造一个多层级的流程模型。分为第一层级是最主要的几个活动，如入库、理货、上架、分拣等；第二层级可以按对象进行细分，不同的物料对象分类下可能会用到不同的流程或活动，如有的物料只用一次分拣，有的需要二次分拣，有的甚至是越库操作，所以要按具体活动分析清楚，越是精细化的仓储生产力评估就越要进行细分，因为每一个活动都会用到"资源"，产生成本。

（3）步骤三：改造，核心设计仓储布局

前面的分析最终都会在仓储布局上进行直观的体现，仓储布局实际是按精细程度对仓储内的所有对象进行重组。

如果只是布局大的功能区，那么可以将功能区作为对象进行拆分，通常主要功能区和次要功能区加在一起会有 10~20 个（同类功能区可能会有多个分区），将这些功能区按一定的逻辑进行布置（如用 SLP 方法）就可以完成简单的仓储布局。但只是简单应用 SLP 方法对于仓储布局来说是不够的，至少还需要在上面增加逻辑结构。

如果需要进行精细化的仓储布局，甚至要进行货位详细设计，则相对会更复杂。随着技术的发展，更多的仓储会通过智能化调度来实现仓储作业，这样的仓储布局会更加灵活，可能会完全颠覆之前的布局方法。

如果仓储布局中对象拆分得越细，要求的效率越高，那么随机存储、货到人拣选等智能化方式将广泛应用，这样的布局方法更多使用启发式算法寻找最优解。目前大多数的布局方法还比较粗放。

（4）步骤四：评估，系统评价

系统性评估是仓储规划的一个非常重要的步骤，这里需要从系统论的角度来看待仓储规划，也只有把仓储作为一个系统，才能最好地解释仓储规划的所有逻辑。首先把流程作业中的人、设备、功能区等看成是服务台，仓储中需要处理的货物形成队列，将服务台串联，上一个流程完成的作业量，到下一个流程又形成了新的队列，那么这就是系统，有输入也有输出。通过仿真模拟作业过程中人、设施、设备的资源利用率，也就是忙闲程度，就可以从仿真的角度对所规划的仓储系统进行生产力评估。

在进行系统评估时，可以根据具体需要评估的内容选择指标，完整的仓储评估指标会有上百个，不一定每个仓储规划中都会关注所有的指标，需要根据运作环境、功能需求等方面的具体情况构建需要评估的指标体系。

（5）步骤五：实施，运作支持

仓储规划最后肯定需要落地实施，所以还应考虑操作中所需要的设备配置和信息化需求，以及对于该仓库需要用什么样的建筑条件来匹配。在规划中将流程进行细分，设备和信息化都按照流程中的操作需求进行匹配，并在系统评估时选出最佳方案。

按仓储规划模型将仓储流程进行细分后，每一步操作都会按照流程活动进行，从系统模型的角度看，设备的操作无非是在处理数据，数据的物理单位可以是托、方或其他。设备的配置根据规划的需求，有的规划有明确的预算，可以把预算作为约束进行最优化配置，如果仓储追求示范效应，那么可以参考智能化的标准在合理范围内进行配置。总之，根据作业要求、高效的运作、合理的成本对设备的配置进行约束，力求用科学的方式配置设备。

信息化需求也是仓储规划的必备要素，现在大多数的仓储都配置有信息化工具，需要考虑工具的功能是否更加方便和符合现代化物流管理的要求。随着数字化供应链的推广，对仓储的信息化要求也越来越高，不论是上、下游模块间的对接，还是数字化决策支持，以及可视化管理，仓储的信息化都在不断更新。因此，从仓储流程中的实际需求为出发点，考虑整个仓储的功能定位，首先要对信息化需求做一个完整的架构，考虑覆盖哪些模块，交付哪些数据，达到什么样的管理要求，然后再对功能进行配置，与业务场景结合，这样才能实现既实用又具有扩展性和战略性考虑的仓储信息化建设。

2. 仓库建筑设计

有的仓储规划是先有了仓库再进行规划，有的是先考虑物流再进行仓库建设。建议仓储规划最好按后者的方式进行，因为从建筑的角度看，在一定的参数范围内进行设计和实施都是可行的，但是最后选择的参数对于仓储作业来说不一定是最合理的。越是复杂的仓储环境越需要优先考虑物流作业要求。在通过充分的仓储规划后，出具仓储功能区与设备的布局图样，然后在此基础上进行建筑设计，如果有冲突的地方再协商调整。

AGV搬运机器人在柔性生产线上的主要作业流程如下：

1）入库：整个柔性生产线上的某个工位向系统提出入库的明确要求，这些要求主要有零部件名称和数量等，系统响应后，上位机通过无线网络给AGV上位工控机发出指令，明确通知AGV机器人搬运物料至对应仓位。

2）AGV搬运机器人从装卸站抓取零件，并根据当前的状态、位置、任务等规划运动路径，运行到相应的仓位，准停。

3）AGV搬运机器人根据目标位置自动将零件放置到对应的仓位。

4）AGV搬运机器人通过无线网络向上位机发送当前位置和状态，上位机根据当前状态更新数据库。

5）出库：系统以指令形式通知AGV搬运机器人从库内特定仓位取出零件至装卸站。

6）AGV搬运机器人从仓库特定库架抓取零件，并根据当前的位置规划运动路径，运行至装卸站，准停。

7）AGV搬运机器人根据目标位置自动将零件放置到装卸站缓冲区。

8）AGV搬运机器人通过无线网络向上位机发送当前位置和状态；上位机根据当前状态更新数据库。与人力劳动不同，AGV可以24h不间断运作。

 巩固训练

1. 什么是智能仓储系统？
2. 智能仓储系统有哪些分类？
3. 智能仓储系统的规划步骤分几步？具体是什么？
4. 什么是AGV和RFID？
5. 什么是仓库管理系统和仓库控制系统？

任务 5.2 上料输送控制

工作任务

1. 工作任务描述

认识智能仓储系统的构成。

2. 学习目标

1）能力目标：能进行智能仓储系统上料输送控制。

2）知识目标：掌握智能仓储系统的构成，了解智能仓储系统解决方案。

3）素质目标：培养仔细做事、独立思考的职业素养，培养正确表达自己思想的能力。

3. 教学组织设计

1）学生角色：操作者。

2）教学情境：企业生产部、设备维护部。

3）教学材料：学习参考材料、安全操作规范。

4. 教学过程

1）任务导入。

2）必备知识：安全操作规范。

3）技能训练：掌握智能仓储系统的构成。

4）成果交流：小组讨论、交流。

5）教师点评：各组改进、作业。

📚 知识储备——智能仓储系统的构成

1. AGV 的智能上下料方式

随着工业自动化的发展，智能 AGV 在生产场景中的应用越来越广泛。其中，利用 AGV 与生产线配合，组合成自动上下料生产系统，具有自动化程度高、工作效率高、工作准确性高、生产线改造成本低等优点，成为工厂自动化建设的热门设备。根据不同情况，可以制订不同的上下料方式。常用上下料方式有以下五种：

（1）人工上下料

人工上下料目前在国内是性价比较高的一种方式。智能 AGV 只是替换了叉车+人的工作部分，上下料还是由人工来完成。人工把满物料箱放在 AGV 上，AGV 自动将物料箱送到目的地，人工把满物料箱取下、把空物料箱放上。

（2）自动升降挂销

AGV 自动升降实现自动上下料。AGV 挂脱料车采用自动料车底部穿越式，在料车底部有一个捕捉升/降销机构，当 AGV 行驶到指定地点，升/降销升起，挂上料车，AGV 牵引着料车行驶到下一个指定地点，升降销降下，AGV 放下料车离开。

（3）滚筒平台对接

AGV 精确与滚筒对接。AGV 到达生产线上下料站点后与滚筒平台进行信息交互，自动与平台的对接，执行相应的自动上下料任务。AGV 上的对接平台与上下料滚筒平台之间通过复杂的光电传感装置进行水平方向和竖直方向的对位，实现对接。带、链条传输与此类似。

（4）AGV 自带顶升装置

AGV 顶升装置升降货料框或货架将其运送到指定地点，并自动卸货离开。智能顶升 AGV 可实现原地 360° 自旋，能较好地适应在狭窄巷道中的搬运作业，可靠的连接设计能确保机械同步升降，使物料升降安全平稳。

（5）AGV+机械臂

AGV+机械臂主要应用在电子、机加工的无人车间，通过 AGV 代替人工搬运、移动动作，通过机械臂代替人工抓取动作，可实现大范围空间内的物料抓取和移动小车的物流传递。

2. 智能仓储系统

仓储管理在物流管理中占据着核心的地位。传统仓储业的商业模式是收保管费，希望自己的仓库总是满满的，这种模式与物流的宗旨背道而驰。现代物流以整合流程、协调上下游为己任，静态库存越少越好，其商业模式建立在物流总成本的考核之上。由于这两类仓储管理在商业模式上有着本质区别，但在具体操作上，如入库、出库、分拣、理货等又很难区别，所以在分析研究时必须注意它们的异同，这些异同也会体现在信息系统的结构上。随着制造环境的改变，产品周期越来越短，多样少量的生产方式，对库存限制的要求越来越高，因而必须建立及执行供应链管理系统，借助信息化将供应商、制造商、客户三者紧密联合，共担库存风险。

库存的最优控制部分是确定仓库的商业模式，即要（根据上一层设计的要求）确定本仓库的管理目标和管理模式，如果是供应链上的一个执行环节，是成本中心，多以服务质量、运营成本为控制目标，追求合理库存甚至零库存。因此，精确了解仓库的物品信息对系统来说至关重要，所以要解决精确的仓储管理。智能仓储管理系统运行流程如图 5-4 所示。

图 5-4　智能仓储管理系统运行流程

仓储管理及精确定位在企业的整个管理流程中起着非常重要的作用，如果不能保证及时准确的进货、库存控制和发货，将会给企业带来巨大损失，这不仅表现为企业各项管理费用的增加，而且会导致客户服务质量难以得到保证，最终影响企业的市场竞争力，采用全新基于射频识别的仓库系统方案可解决精确仓储的管理问题。智能仓储是仓库自动化的产物。与智能家居类似，智能仓储可通过多种自动化和互联网技术实现。这些技术协同工作可以提高仓库的生产率和效率，最大限度地减少人工数量，同时减少工作失误。

在手动仓库中，通常会看到工人随身携带提货清单，挑选产品，将产品装入购物车，然后将它们运送到装运码头；但在智能仓库中，订单会自动收到，之后系统确认产品是否有库存，然后将提货清单发送到机器人推车，机器人推车将订购的产品放入容器中，然后将它们交给工人进行下一步处理。

而智能仓储系统则完全解决了对人工的依赖问题。在智能仓储系统（如 C-WMS）的帮助下，能够自动接收、识别、分类、组织和提取货物。最好的智能仓储解决方案几乎可以自动完成从供应商到客户的整个操作，并且失误最少。

智能仓储系统的构成要素如图 5-5 所示。

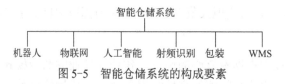

图 5-5　智能仓储系统的构成要素

智能仓储系统基本上由各种相互关联的技术组成，目标是保持仓库的最佳运行。常见的构成智能仓储系统的组件如下：

（1）仓储机器人

近年来，随着国内劳动力成本不断上涨，我国的制造业、物流业、服务业等的劳动力优势越来越不明显。这些行业亟待向智能化转型，智能机器人呈现强劲发展的态势。

对于电商来说，仓储管理是整个电商运营体系中及其重要的一环，也是成本最高的环节之一。通常来说，在电商的仓库中，需要对货物进行分拣、位移、包装等，早前这些工作基本上都由人工来完成，虽然很多仓库中都有传输带等设备来代替人工做一些移动货物的工作，但由于机器比较固定，灵活度较低，很多工作还是需要人工来完成。每到节假日或购物狂欢季，很多电商的员工需要昼夜轮班，每天工作十几个小时，工作压力难以想象。这种情况不仅仅发生在电商中，物流行业的仓库管理和分拣也是一样。

仓储机器人主要处理货物的拣选和包装。仓储机器人的出现，能够解决整个仓储管理运行流程中的大部分人工问题缩短了从订单到交货的时间，智能化系统减少了工作失误，减少了劳动力的使用等。虽然目前智能仓储机器人市场处于发展初期，但其发展潜力及市场十分巨大。智能仓储机器人既能节省仓库面积，又能提高物流效率，同时由于其工作强度高，能够地替代大部分人工，从而避免了一系列不必要的工作失误。

智能化的物流模式终将成为我国物流行业的发展模式，仓储机器人在市场上的逐步应用将开启智能化仓储物流的新时代。

（2）包装

包装（Packaging）是指为了在流通过程中保护产品，方便储运，促进销售，按一定的技术方法所用的容器、材料和辅助物等的总体名称。包装要素有包装对象、材料、造型、结构、防护技术、视觉传达等。一般来说，商品包装应该包括商标或品牌、形状、颜色、图案和材料等要素。

常见的仓储机器人通过将产品货架实际带到人工包装订单中来自动化拣选过程。从本质上讲，它们是自动化的，更易操作托盘搬运车。它们比人工移动得更快，可以一次移动更多货物，甚至可以确定获取必要产品的最佳途径。

（3）射频识别

射频识别（RFID）有助于组织和控制库存。RFID 摆脱了旧的模拟纸张跟踪方法，转而使用数字标签跟踪包裹，然后使用无线电波将数据传输到数字标签和自动扫描系统之间，记录产品的信息。

RFID 取代了旧的条码扫描仪，条码扫描仪必须将条码与扫描仪精确对齐才能识别，而RFID 扫描仪只要简单地指向包装的大致方向就可以识别。由于 RFID 扫描仪不必精确对齐，因此可以使用自动化机器扫描包裹，识别并计算每种类型商品的数量。此外，RFID 扫描仪可以在订单履行期间检测货物，确保库存数量始终准确。

（4）人工智能

人工智能（Artificial Intelligence，AI）是研究、开发用于模拟、延伸和扩展人类智能的理论、方法、技术及应用系统的一门新的学科。

人工智能是计算机科学的一个分支，它企图了解智能的实质，并生产出一种新的能以人类智能相似的方式做出反应的智能机器，该领域的研究包括机器人、语言识别、图像识别、自然语言处理和专家系统等。人工智能从诞生以来，理论和技术日益成熟，应用领域也不断扩大，可以设想，未来人工智能带来的科技产品，将会是人类智慧的"容器"。人工智能可以对人的意识、思维的信息过程进行模拟。人工智能不是人的智能，但能像人那样思考、也可能超过人的智能。

人工智能的使用在每个行业都呈爆炸式增长，而不仅仅是在仓储领域。最主要的原因是人工智能有助于提高生产力，同时最小化失误。如 AI 帮助仓储机器人找到最有效的选择产品的途径，还可根据产品的类型、数量、尺寸和重量确定货件的最佳箱型。有些仓库甚至实现了可以包装产品的机器人，使用 AI 以最节省空间的方式包装产品。

这些功能正在帮助仓库大幅降低运营成本。它减少的最大成本之一是人工的数量。根据调查，到 2030 年，英国 30%的工作岗位将实现自动化，这在很大程度上归功于人工智能的使用。

（5）物联网

物联网（Internet of Things，IoT）是指通过各种信息传感器、射频识别技术、全球定位系统、红外感应器、激光扫描器等各种装置与技术，实时采集任何需要监控、连接、互动的物体或过程，采集其声、光、热、电、力学、化学、生物、位置等各种需要的信息，通过各类可能的网络接入，实现物与物、物与人的泛在连接，实现对物品和过程的智能化感知、识别和管理。物联网是一个基于互联网、传统电信网等的信息承载体，它让所有能够被独立寻址的普通物理对象形成互连互通的网络。

物联网涉及多个支持互联网的设备相互通信和共享数据。在智能仓储系统中，这意味着机器人可以与所需的所有技术进行通信，包括智能仓储管理系统（WMS）。

在 WMS 中，物联网的工作从接收产品的仓库开始。收到货物后，RFID 扫描仪会扫描标签，告诉 WMS 收到了哪些货物和收到的货物数量。然后，WMS 与机器人通信，通知它们这些货物应该存放在仓库的哪个位置。

所有这些都是自动进行、无缝连接的，并且不会丢失任何关键信息。如果没有物联网，人工就必须手动完成流程中的每个步骤。这很容易出错，特别是有关流经这些系统的每种产品的大量信息。物联网加快了工作流程，同时大大减少了失误。

5-1
AGV 自动上料

任务工单

任务名称	上料输送控制训练	任务成绩	
学生班级		学生姓名	
所用设备		实施地点	
任务描述	1）通过书本和网络查询"智能仓储发展的产业现状" 2）自查智能仓储系统的构成		
目标达成	1）智能仓储系统中的上料输送系统的构成和功能 2）上料输送系统的工作原理		
任务实施	1）上料输送系统的构成和功能 通过案例引入上料输送系统，讲解知识点。 2）认知上料输送系统的工作原理 通过多媒体手段结合实验实训设备，讲解知识点		
任务评价	1）自我评价与自我认定 2）任课教师评价成绩		

能力拓展——智能仓储设备的解决方案

随着我国智能时代的推进，企业自动化、计算机制造集成系统技术的逐步发展、自动化立体仓库以及柔性制造系统的普遍应用，AGV 智能搬运机器人作为调节和联系离散型物流管理系统，以及使其工作连续化的重要自动化智能搬运装卸装备，其应用范围得到了非常迅猛的发展。

1. 背景

仓储管理在物流管理中占据着核心地位。传统的仓储管理中存在数据采集靠手工录入或条码扫描，工作效率较低；库内货位划分不清晰，堆放混乱不利收敛；实物盘点技术落后，导致常常账实不符；人为因素影响大，差错率高，增加额外成本；缺乏流程跟踪，责任难以界定等问题。如图5-6所示，通过智能仓储管理系统，加大装备技术升级力度，提升自动化水平，实现机器替代人的战略，有效解决了仓储物流管理现存的问题。其中 AGV 是智能化物流仓库中必不可少的工具。

图 5-6　智能仓储管理系统

2. AGV 在智能仓库中的作业过程

（1）输入分拣码盘区作业

当货物由汽车运输到仓库时，汽车将尾部与卸货点对齐，并与 AGV 行驶路径相匹配。此时，控制中心下达任务调度附近的AGV到卸货点，AGV将整箱货物按照预先设定的行驶路径运到货物入库输送线上。因为AGV数量有限，且货物入库数量多，所以每一辆AGV都会循环往复地完成"取—放"的工作任务。另外 AGV 将成垛的空托盘运输到空托盘拆分设备进行拆分，保证货物与托盘的配套供应同时跟进，如图5-7 所示。

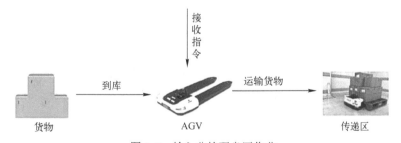

图 5-7　输入分拣码盘区作业

（2）智能转运入库区作业

智能转运入库区的作业都由AGV自动完成。当货物码盘完成之后，AGV从接口处取出整托盘，按照预先铺设好的运行路线运输，将整托盘输送至仓储区接口。由于整托盘出口和接口都有多个，每辆AGV按照控制管理系统的指令从输送分拣码盘区的指定接口处取出货物，然后自动运行到任意一个系统设定好的仓储区接口，完成整托盘的自动分拣和输送，同时，整个作业过程在控制和管理系统的协调下进行，保证了交通顺畅、作业有序，提高了转运入库的作业效率，增加了整套系统的柔性，如图5-8所示。

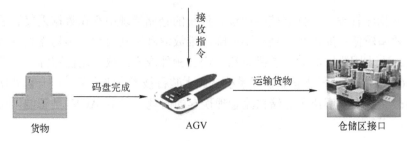

图 5-8　智能转运入库区作业

（3）智能转运出库区作业

智能转运出库区的作业也都由AGV完成。根据控制管理系统下达的作业指令，AGV按预先制定的路线自行驶向出库链条机处取下整托盘货物，然后按照转运至自动拆盘发货区接口。转运出库区的整托盘接口和拆盘发货区接口有多个，AGV可以在系统的指令下从指定接口处取出货物，然后自动运行到系统设定好的仓储区接口，完成整托盘的自动分拣和输送，在交通管理系统的控制下，AGV严格遵循规定路径行驶，彼此独立行驶和作业，还能相互让车，增加了作业流畅度和柔韧性，如图5-9所示。

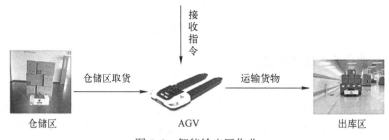

图 5-9　智能输出区作业

（4）自动拆盘发货区作业

出库的货物由伸缩带机运输到发货车辆尾部，按照就近原则，控制管理系统安排最近的AGV按照预先设定的路径到达汽车尾部，将伸缩带机上的货物取下并整齐有序地堆放到车厢内，避免了人工堆码，提高了作业效率。拆分货物后的空托盘和零托盘由AGV完成入库。整个流程都能实现无人化操作，提高了仓库作业的智能化水平，如图5-10所示。

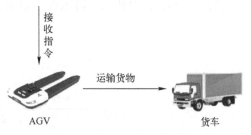

图 5-10　自动拆盘发货区作业

3. 系统价值

（1）自动作业、自动优化路线

传统的物流分拣都是靠人工完成，不仅效率低，而且工作量大、容易出错。而有了AGV之后，只需要将货物放到AGV上，就能自动优化路线，将货物自动搬运到达目的地，对于企业来说是极省事也是极方便的。

（2）安全快速、自动诊断

AGV工作的速度比较快，远超人工，并且因为AGV是人工智能产品，拥有一定的自我诊断功能，因此在作业中也能自动分析、自动诊断，一旦出现问题，可以及时解决。

（3）可以接收命令

与普通的搬运设备不同，AGV 能够接收远程指示，只要有网络、无线或者是红外线就能完成指示的任务，非常方便。

（4）实现精细化、柔性化、信息化物流管理

AGV 能够与现代物流技术配合使用，能够实现点对点的自动存取功能，在搬运、作业过程中，能够保证精细化作业、柔性化合作、信息化处理，从而让物流管理更加智能化。

如今，工作效率低、库存划分混乱、盘点技术落后等问题已经不再是困扰企业物流仓储管理的难题。智能 AGV 能解决很多问题。很多企业都已经转向仓储物流智能化，如亚马逊就采用了 AGV 机器人，虽然是最早的一批机器人，但是其扫码、称重、分拣功能丝毫不缺，并且能识别简单的信息，实现线路的最优化处理，据说每小时能达到分拣 18000 件的效果。更重要的是，通过智能物流可提高设备的技术级别、提升自动化管理水平，实现AGV机器人代替人工作业，真正解决物流仓储过程中的一些问题，从而实现智能化仓储管理。

4. 智能AGV与货架接驳结构

目前，AGV应用于仓储系统、生产线系统中，AGV 与物料架之间有频繁的对接任务，对接完成后可运输物料或物料盒及料架。

AGV 与货架的接驳结构包括 AGV 和货架，货架上设有对接部，AGV 上设有与对接部适配的套接部，对接部设于套接部上方；对接部或者套接部上设有推动结构，用于将对接部和套接部扣合。本实用新型主要解决了高频对接场景下，对接结构的摩擦损耗带来的摩擦屑问题，包括避免产生摩擦屑和已产生的摩擦屑的收集；同时可减少相对摩擦，尽可能减少金属屑的产生。此外，产生的金属屑被充分收集，无进入车体的风险。

 巩固训练

1. 智能仓储系统由哪几部分构成？
2. 什么是物联网？
3. WMS 的功能模块有哪些？
4. 简述AGV在智能仓储中的作业过程。

项目六　满料箱入库控制

任务 6.1　下料口定位移动

工作任务

1. 工作任务描述

认识下料口输送控制线，了解输送线控制流程，掌握自动输送线常见传感器工作原理与选择依据。

2. 学习目标

1）能力目标：正确认识下料口输送控制线，会分析输送线的组成结构。

2）知识目标：了解物料输送线的功能及定义，掌握物料输送中传感器的应用方法。

3）素质目标：培养仔细做事、独立思考的职业素养，培养正确表达自己思想的能力。

3. 教学组织设计

1）学生角色：操作者。

2）教学情境：企业生产部、设备维护部。

3）教学材料：学习参考材料、安全操作规范。

4. 教学过程

1）任务导入。

2）必备知识：输送线安全操作规范。

3）技能训练：输送线出料口定位移动控制实现。

4）成果交流：小组讨论、交流。

5）教师点评：各组改进、作业点评。

知识储备——自动输送线物料检测传感器

1. 自动输送线概述

自动生产线是企业生产组织的一种方式，是一种自动化流水线设备组合。自动生产线设备把整个生产流程分割为在时间上一样或成倍的多个作业程序，并把自动生产流水线分别固定在已经分配好的各项生产工艺流程中，达到分工明确、快速有效地作业。

自动输送线的作业原理是通过分解多个子流程，前一个流程的有序操作为下一个流程的作业提供了执行条件，全自动流水线设备的每一个流程都能与其他的子流程进行同步作业。

自动生产线输送设备根据输送方式及材质的差异，可以分为链板式全自动设备、滚筒式全自动设备、带式全自动设备、网带式全自动设备，螺旋式全自动设备。按搬运空间分类，可分为水平输送设备和垂直输送设备。水平输送设备又分为水平直线输送设备和水平转弯输送设备。按承载方式分类，可分为滚筒输送机、带式输送机、链板输送机、链式输送机、悬挂输送机和地链输送机。

　　自动化输送设备的涌现，极大地减轻了工人的劳动强度，提高了生产线运作效率和服务质量，降低了生产成本，在智能化生产中起着重要作用。

　　自动物流输送主要用于原料及成品的投放、输送和分拣。人机界面可监控输送设备的运行，显示故障信息和故障处理；通过物料投放及读码，在 WCS 的调度下共同完成货物的自动输送、分拣任务。如常见的辊筒式自动物流线如图 6-1 所示。

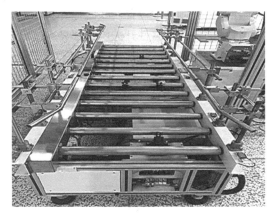

图 6-1　辊筒式自动物流线

6-1
自动生产线

2. 自动生产输送线物料检测常见传感器

　　传感器是工业自动生产线设备中不可或缺的一种器件，它是设备的机械系统和控制系统连接的纽带。生产线设备系统通过传感器将机构的位置、产品的有无以及产品的精度等重要参数，以及运行状态反馈给控制系统，控制系统通过传感器反馈的信号和数据发出指令驱动机械系统，以监测和控制设备的使用状态和产品的生产过程。

　　在选择传感器时，通常需要考虑以下三个主要问题：

　　1）检测要求和条件：测量目标物的性状、测量的目标值范围、测量频率等。

　　2）传感器性能：传感器的检测精度、响应速度、输出信号类型等。

　　3）工况条件：主要指传感器的使用环境和与其他装置的连接环境等。

　　根据传感器的使用方式，传感器在生产线设备中最常见的主要用途为检测有无、检测位置、检测外形、检测速度、检测温度等各种物理量。根据其检测方式，工业自动化设备中常用的传感器大约有磁性开关、接近开关、光电开关、光纤传感器、光栅、位移传感器、压力传感器、电热偶、激光传感器和编码器等。根据其输出型号类型的不同，传感器大致可以分为开关量输出型、模拟量输出型和数字量输出型三种。开关量输出型传感器有两种，一种是常开型（NO），另一种是常闭型（NC）。

　　自动生产输送线物料检测常见传感器是接近传感器，即接近开关。它能以非接触方式检测到物体和附近检测对象的有无。接近开关是开关量输出型传感器，按其工作原理可分为利用电磁感应引起的检测对象的金属体中产生的涡流的方式、捕捉检测体的接近引起的电容量变化的方式、利用永磁体引导开关的方式等。

　　（1）磁性开关

　　磁性开关是一种非接触式位置检测开关，其工作方式是当有磁性物质接近磁性开关传感器时，传感器感应动作，并输出开关信号。磁性开关主要用于各类气缸的位置检测，其特点是不会磨损和损伤检测对象，响应速度高。磁性开关主要与内部活塞（或活塞杆）上安装有磁环的各种气缸配合使用，用于检测气缸等执行元件的极限位置。常见的安装方式有导线引出型、接插件型等。磁性开关用舌簧开关作为磁场检测元件，即当舌簧开关处于磁场中时，舌簧开关的两根簧片被磁化相互吸引，触点闭合；当磁场移开开关后，簧片失磁，触点断开。气动系统中，常用磁性开关来检测气缸活塞位置，即检测活塞的运动行程。只是这些气缸的缸筒要求采用导磁性弱、隔磁性强的材料，如硬铝、不锈钢等。在非磁性体的活塞上安装一个永久磁铁的磁环，这样就提供了一个反映气缸活塞位置的磁场，在气缸外侧某一位置安装磁性开关，则可用来检测气缸活塞是否在该位置上，从而实现活塞运动行程的检测。磁性开关内部都具有过电压保护电路，即使磁性开关的引线极性接反，也不会使其烧坏，但是不能正常检测。为了方便使用，常见磁性开关上都带有动作指示灯。当检测到磁信号时，输出电信号，指示灯亮。常见磁性开关如图 6-2 所示，内部电路及电路符号如图 6-3 所示。

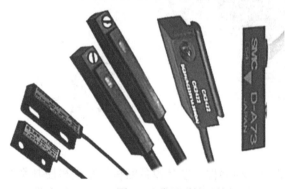

图 6-2　常见磁性开关

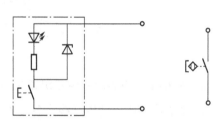

图 6-3　磁性开关内部电路

（2）电容式接近开关

电容式接近开关是一个以电极板为检测端、被检测物体构成另一个极板的静电电容式接近开关，当物体靠近接近开关时，物体与接近开关的极距或者介电常数发生变化，引起静电电容量发生变化，使得和测量头连接的电路状态也相应发生变化，并输出开关信号。它由高频振荡电路和具有检波、放大、整形及输出开关量等功能的调理电路组成。平时检测电极与大地之间存在一定的电容量，为振荡电路的一个组成部分。当被检测物体接近检测电极时，检测电极电容量发生变化，使振荡电路停止振荡。振荡电路的振荡与停振这两种状态被调理电路转换为开关信号后向外输出。常见电容式接近开关如图 6-4 所示，工作原理框图及电气符号如图 6-5 所示。

图 6-4　常见电容式接近开关

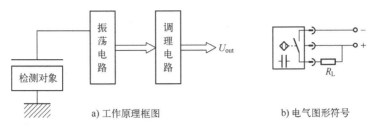

a) 工作原理框图　　　　　　b) 电气图形符号

图 6-5　电容式接近开关工作原理框图及电气图形符号

　　电容式接近开关理论上可以检测任何物体,即既能检测金属物体,也能检测非金属物体。但当检测过高介电常数物体时,检测距离要明显减小,这时即使增加灵敏度也起不到效果。电容式接近开关一般应用于尘埃多、易接触到有机溶剂及需要较高性价比的场合。由于检测内容的多样性,电容式接近开关得到了广泛的应用,通常用于检测单元中工件有无。

　　电容式接近开关在安装调试时,应让被检测物体尽量在其测量范围内,观察指示灯是否会亮。当有物体靠近时,指示灯亮,则有信号输出,如果指示灯不亮,可以用调节旋钮调节检测灵敏度,直到指示显示正常、稳定为止;当没有物体靠近时,指示灯不亮,没有信号输出。

　　(3) 电感式接近开关

　　电感式接近开关是利用电涡流效应制造的传感器。电涡流效应是指当金属物体处于一个交变的磁场中时,在金属内部会产生交变的电涡流,该涡流又会反作用于产生它的磁场。如果这个交变的磁场是由一个电感线圈产生的,则这个电感线圈中的电流就会发生变化,用于平衡涡流产生的磁场。利用这一原理,以高频振荡器(LC振荡器)中的电感线圈作为检测元件,当被测金属物体接近电感线圈时产生了涡流效应,引起振荡器振幅或频率的变化,由传感器的信号调理电路(包括检波、放大、整形、输出等电路)将该变化转换成开关量输出,从而达到检测的目的。常见电感式接近开关如图 6-6 所示。由于电感式接近开关基于涡流效应工作,因此它检测的对象必须是金属。电感式接近开关工作稳定可靠、抗干扰能力强,在现代工业检测中得到了广泛应用。

图 6-6　常见电感式接近开关

　　电感式接近开关的外形有圆柱形、长方体形和 U 形等,其工作原理框图及电气图形符号如图 6-7 所示。

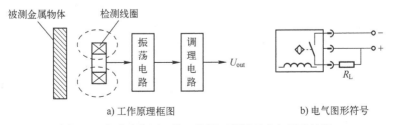

a) 工作原理框图　　　　　　b) 电气图形符号

图 6-7　电感式接近开关工作原理框图及电气图形符号

在接近开关的选用和安装中，必须认真考虑检测距离，正确设定距离，保证生产线上的传感器可靠动作。安装距离说明如图 6-8 所示。

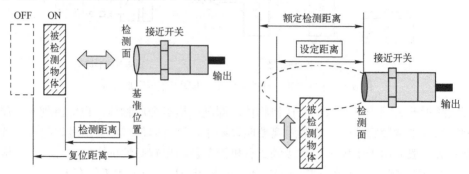

图 6-8　安装距离说明

（4）光电开关与光纤式接近开关

光电开关（光电式接近传感器）是利用光电效应来检测物体的有无和表面状态的变化等的传感器，主要由光发射器和光接收器构成。如果光发射器发射的光线因检测物体不同而被遮掩或反射，到达光接收器的量将会发生变化。光接收器的敏感元件将检测出这种变化，并转换为电信号进行输出。大多使用可视光（主要为红色，也用绿色、蓝色）和红外光。常见光电开关如图 6-9 所示，电气图形符号如图 6-10 所示。

图 6-9　常见光电开关

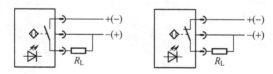

图 6-10　光电开关电气图形符号

按照光接收器接收光的方式的不同，光电开关可分为对射式、反射式和漫射式三种，对射式光电开关工作原理示意图如图 6-11 所示。对射式光电开关是指光发射器与光接收器处于相对的位置工作，根据光路信号的有无判断信号是否进行输出改变的光电接近开关，最常用于检测不透明物体。对射式光电接近开关的光发射器和光接收器有一体式和分体式两种类型。

漫射式光电开关是利用光照射到检测物体上后反射回来的光线工作的，由于物体反射的光线为漫射光，故称为漫射式光电开关。它的光发射器与光接收器处于同一侧位置，且为一体化结构。在工作时，光发射器始终发射检测光，若接近开关前方一定距离内没有物体，则没有光被反射到接收器，接近开关处于常态而不动作；反之若接近开关的前方一定距离内出现物体，只要反射回来的光强度足够，则接收器接收到足够的漫射光就会使接近开关动作而改变输出状态。图 6-12 为漫射式光电开关的工作原理示意图。

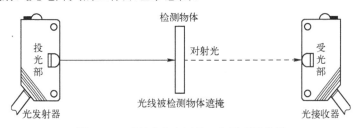

图 6-11　对射式光电开关工作原理示意图

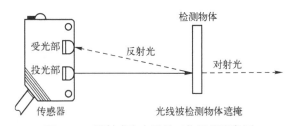

图 6-12　漫射式光电开关工作原理示意图

光纤传感器也是光电传感器的一种，它由光纤单元、放大器两部分组成。其工作原理示意图如图 6-13 所示。投光器和受光器均在放大器内，投光器发出的光线通过一条光纤内部从端面（光纤头）以约 60°的角度扩散，照射到检测物体上；同样，反射回来的光线通过另一条光纤的内部回送到受光器。

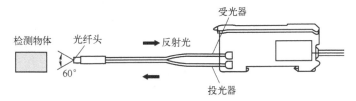

图 6-13　光纤传感器工作原理示意图

光纤传感器由于检测部（光纤）中完全没有电气部分，抗干扰等耐环境性良好，并且具有光纤头可安装在很小的空间、传输距离远、使用寿命长等优点。常见光纤传感器如图 6-14 所示。

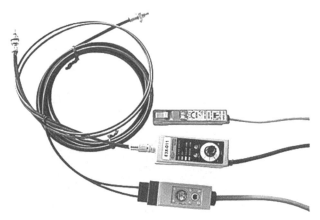

图 6-14　常见光纤传感器

📋 任务工单

任务名称	满料箱下料口输送控制中常用传感器认识	任务成绩	
学生班级		学生姓名	
所用设备		教学地点	
任务描述	在智能仓储系统中，物料的输送及产品的分拣是重要的环节之一，通过本任务的学习，认识下料口定位移动输送线及常用的定位传感器，了解接近传感器的类型及基本工作原理，掌握产品满料检测、输送等控制过程的工作原理，熟练掌握产品输送线下料控制的典型故障排除方法与技能		
目标达成	1）能够正确认识产品输送线类型 2）能够正确认识自动生产线上常用的传感器及工作原理 3）掌握满料箱下料输送检测控制实现的方法 4）掌握输送线下料控制的典型故障排除方法		

任务实施	学习步骤 1	自动生产线的概念及特征，常用传感器的工作原理
	自测	自动生产线各部件及互动界面认识
	学习步骤 2	自动生产线常用传感器认识
	自测	

（续）

	学习步骤2	自动生产线常用传感器认识
任务实施	自测	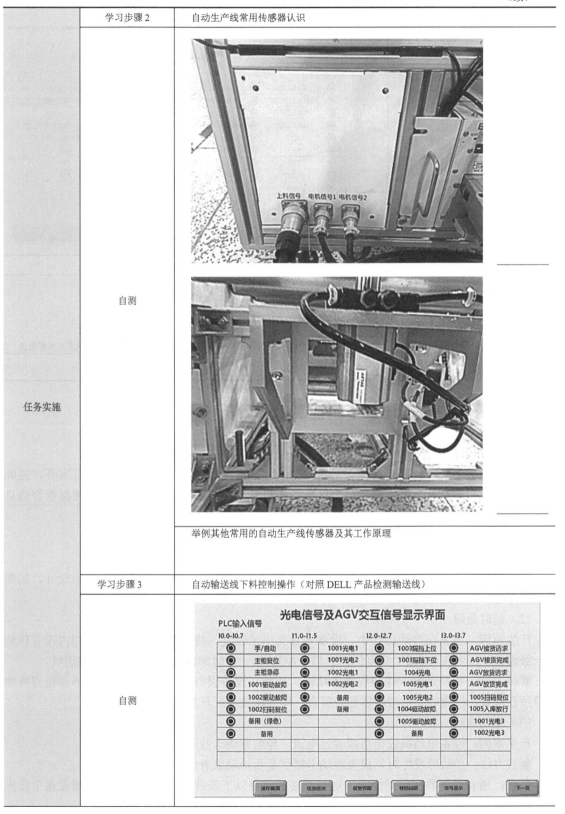 举例其他常用的自动生产线传感器及其工作原理
	学习步骤3	自动输送线下料控制操作（对照 DELL 产品检测输送线）
	自测	

（续）

	学习步骤3	自动输送线下料控制操作（对照 DELL 产品检测输送线）
任务实施	自测	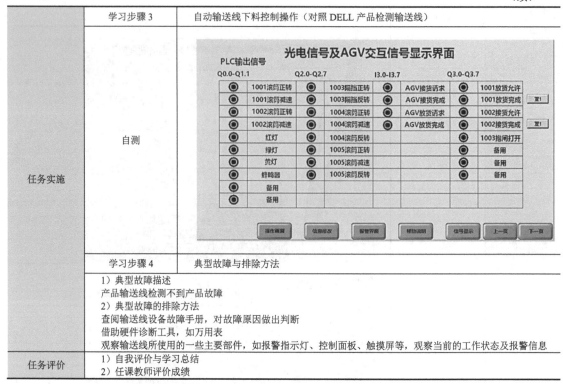
	学习步骤4	典型故障与排除方法
		1）典型故障描述 产品输送线检测不到产品故障 2）典型故障的排除方法 查阅输送线设备故障手册，对故障原因做出判断 借助硬件诊断工具，如万用表 观察输送线所使用的一些主要部件，如报警指示灯、控制面板、触摸屏等，观察当前的工作状态及报警信息
任务评价		1）自我评价与学习总结 2）任课教师评价成绩

 能力拓展——输送线下料控制故障分析

1. 输送线下料控制的故障分析与排查

当输送设备下料时，每个区域有对应的指示灯，手动时黄灯常亮，自动时绿灯常亮，故障时红灯闪烁。设备有异常发生时，每个区域的人机界面会显示报警，维护人员可根据报警信息处理问题。

（1）急停故障

产生原因：设备急停按下，急停信号松动。

解决办法：当故障发生时，人机界面找到对应设备编号，将被按下的急停按钮松开，如果是线路问题，需要相应人员排查线路。

（2）超时故障

产生原因：设备在自动运行中，设备本身光电未触发，货物任务号在一定时间内没有传到下一级设备，或者在与 AGV 交互的站台口，AGV 在一定时间内没有将货物送至输送机。

解决办法：货物是否卡住导致设备堵转，或所在设备因自身异常不转。人机界面检查货物报警所在位置，检测电动机接触器是否吸合，顶升移载接近开关是否需要调整。

（3）驱动故障

产生原因：设备电动机过电压或者过电流，导致驱动卡故障。

解决办法：当故障发生时，检查驱动卡接线是否松动或者辊筒是否有机械卡住。

注意：所有设备要在自动模式下运行都必须满足以下条件：电源准备好，机械设备工作正常，检测元件工作正常，传感器固定件螺丝等必须一个月检查维护一次。

图 6-15 为故障报警信息界面。当有异常信息时，弹窗将显示报警的信息内容，维护人员将根据报警显示及时处理异常。异常处理结束后，弹窗会自动关闭，过程中也可手动单击 按钮关闭界面，单击 按钮可上下翻看故障内容。

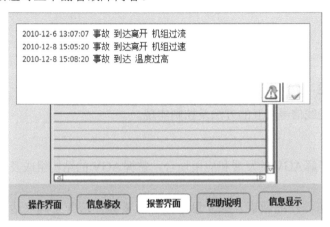

图 6-15　故障报警信息界面

2.注意事项

由于物流输送是底层电动机设备，因此操作人员在对底层设备的操作过程中需要注意安全，主要有以下几点：

1）设备运行过程中，禁止用手接触设备，禁止踩在设备上，以免干扰设备光电开关、接近开关等检测元件，中断设备正常运行，造成人身伤害。

2）设备在运行中时禁止到其运行区域中去，以免造成人身伤害；若要进入其运行轨道，必须先将移动台车打到手动状态，必要时拍下急停按钮；非操作或维修人员，禁止对这类设备进行操作，以免造成人员伤害、设备损坏。

3）电控柜内的模块、处理器均不能带电插拔，以免损伤模块，造成人身伤害；若有线头脱落，应先断电再进行处理，不能带电操作，必须由专业电气人员进行电气元件的拆卸和安装。

4）操作人员操作设备时，必须明确设备的当前状态，必须明确对设备将要执行的操作以及设备将会如何动作；切勿在不明确设备当前状态和对设备动作不明确的情况下对设备进行操作。

5）禁止在运行过程中对设备进行维修。

 巩固训练

1．电容式接近开关理论上可以检测任何物体，即既能检测金属物体，也能检测非金属物体。（　　）

2．电感式接近开关是利用电涡流效应制造的传感器。（　　）

3．自动生产线选择传感器时，通常需要考虑_____、_____、_____三个要素。

4．自动生产线使用的传感器按输出量类型可以分为_____、_____、_____三种。

5．举例说明智能生产线中，全自动输送设备根据输送方式、搬运空间类型、承载方式分别可以分为哪些类型？

6．接近开关的工作原理是什么？有哪些常见类型？

任务 6.2 AGV 控制信号交互

📖 工作任务

1. 工作任务描述

掌握 AGV 与输送线信号交互的方法及控制实现。

2. 学习目标

1）知识目标：了解 AGV 的发展和应用场合，掌握 AGV 的结构组成及定义，理解 AGV 的工作原理。

2）素质目标：培养仔细做事、独立思考的职业素养，培养正确表达自己思想的能力。

3. 教学组织设计

1）学生角色：操作者。

2）教学情境：企业生产部、设备维护部。

3）教学材料：学习参考材料、安全操作规范。

4. 教学过程

1）任务导入。

2）必备知识：安全操作规范。

3）技能训练：AGV 信号交互实现方法及控制界面操作。

4）成果交流：小组讨论、交流。

5）教师点评：各组改进、作业。

📖 知识储备——AGV 常用传感器及与自动生产线交互

1. AGV 常用传感器

（1）超声波传感器

如常见的霍尼韦尔超声波传感器，能够检测任何材料的目标物体，可以在干燥、多粉尘的环境下正常运作，可以完成目标物体存在性检测，精确的距离测量或追踪。特别是当其他位置检测技术遇到环境困难时，更加能显示出超声波传感器的优越性。AGV 超声波避障工作示意图如 6-16 所示。

（2）红外光电障碍物传感器

红外测距是基于三角形测距的原理，红外线发射器以一定角度发射红外线，遇到物体后，光线会反射，在检测到反射光线后，可以通过结构上的几何三角形关系来计算物体的距离。普通红外传感器测量距离都比较接近，小于超声波，而距离测量也有最小距离限制。此外，红外传感器不能检测透明或类似暗物体的距离。红外传感器的优点是不受可见光、角度灵敏度等因素的影响，结构简单、价格低廉，能快速感知物体的存在，但环境对测量的影响非常大，如物体周围的颜色、方向、光线可导致测量误差，测量不够精准，如图 6-17 所示。

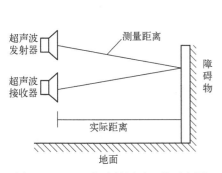

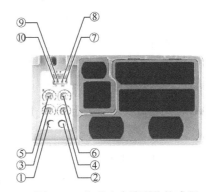

图 6-16　AGV 超声波避障工作示意图　　　图 6-17　红外光电障碍物传感器

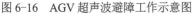

图 6-17 中，①、②为红外光电障碍物传感器的工作状态指示灯；③～⑥为用来调节障碍物传感器检测到障碍物的区域大小的旋钮，旋钮向左旋转可以使障碍物的检测区域变小，向右旋转可以增大障碍物的检测区域。具体如 6-18 所示。

	说明		功能
①	工作状态指示灯	OUT2区域（黄色LED）	OUT2区域受光时亮起
②		OUT1区域（红色LED）	OUT1区域受光时亮起
③	灵敏度调节器	OUT2区域	不同区域的灵敏度独立调节
④		OUT1区域	
⑤		邻近右OUT1区域	
⑥		邻近左OUT1区域	
⑦	检测领域选择开关	左区域	左/右区域可选择（OUT1和OUT2）
⑧		右区域	
⑨	输出工作模式开关		选择OUT1，OUT2的输出工作模式。
⑩	外部控制开关		此开关表示检测领域选择由DIP开关或外部输入进行

图 6-18　红外光电障碍物传感器控制端子图

（3）全方位障碍物传感器

以 TiM3×× （如 TiM310）激光扫描器为例，以扫描方式设计，扫描角度 180° 完全没有盲角；用于室内物流固定式或移动式安装，工作距离最远为 4m；可通过 4 个开关量输入信号组合选取16组区域组中的任一个作为当前工作区域组，每个区域组包含3个以同一原点起始、部分重叠、外形相同但尺寸不同的区域，区域组的外形可设定为固定形状或由用户自定义，通过 3 个开关量输出判断 3 个区域是否有物体进入的状况，如图 6-19 所示。

TiM3××提供了两种使用方法：

预设模式：使用 16 组默认的区域组中的任意一个，每个区域组包含 3 个预定义的外形相同但尺寸不同的区域。

自学习模式：由扫描器根据周围环境外形自动生成最外层的区域的形状，并推导出内部两层区域的形状。

2. AGV 与自动生产线交互（以 DELL 智能产品检测线为例）

（1）AGV 运行控制要求

AGV 系统在工作过程中所要执行的运输任务是由物流系统管理主机发给AGV管理控制主机的，进而由AGV管理控制主机调度 AGV 执行相关任务，如取货、送货、称重、扫码、充电等。当 AGV 接收到货物搬运指令后，小车车载控制器就根据预先存储规划好的运行路线图和AGV 当前的位置及行驶方向进行计算、分析，选择最佳的行驶路线，通过伺服驱动放大器自动控制 AGV的行驶和转向，到达装载货物目标点准确停位后，AGV 车身上的移载机构与取货位置点的装置协同动作，完成装货过程。然后 AGV 启动，驶向目标卸货点，准确停位后，移载机构动作，完成卸货过程，并向 AGV 管理控制计算机报告其位置和状态。AGV

图 6-19　TiM3×× 激光扫描器

管理控制主机将任务的执行情况返回给物流系统管理主机，从而对物流系统进行统一的管理。若 AGV 任务命令缓冲区中无任务命令，则 AGV 驶向待命区域，如接到新的指令后再执行下一次搬运任务。

（2）触摸屏监控设计

在对接监控界面，可以监控AGV在对接的过程中是否发送信号，若AGV没有自动运行，也可以进行手动控制，具体如图 6-20 所示。

系统中还可以设置对接的延时时间，具体如图 6-21 所示。

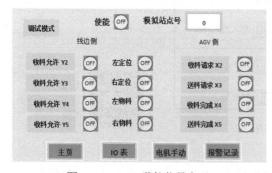

图 6-20　AGV 监控信号交互

图 6-21　AGV 交互延时设置

交互信号对各设备的运行、状态进行实时监控，并通过现场操作员进行设备运行状态的显示和故障报警；通过现场操作员对现场设备进行手自动操作及信息维护。

如图 6-22～图 6-24 为输送设备输入输出信号显示及与AGV和堆垛机的交互信号显示，其中绿色表示该信号存在，默认颜色为黑色，当设备在与AGV及堆垛机对接处出现报警或者停止运行时，可在此查看两者的信号交互情况。

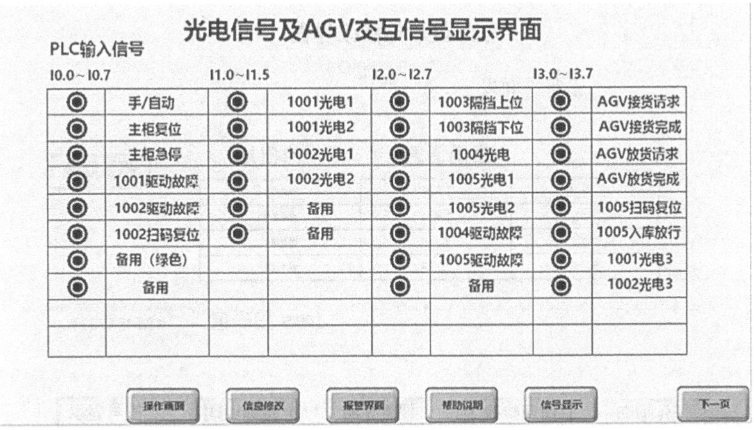

图 6-22 PLC 输入信号及与AGV交互信号

图 6-23 PLC 输出信号及与 AGV 交互信号

图 6-24 输送线与堆垛机交互信号

如图 6-25 为信息显示与修改界面。在"设备平面号"处输入相关设备号，即可查看当前设备的详细信息。若需要修改当前设备信息，则先将设备切换为"手动"，再在"修改信息"栏输入需要修改的信息，单击"确认修改"按钮，即可修改信息。若想删除当前设备信息，则在"修改信息"栏全部输入"0"，单击"确认"按钮即可。

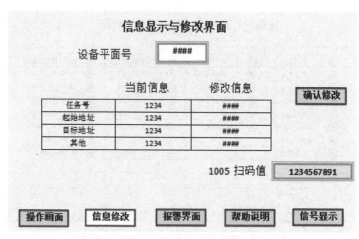

图 6-25　信息显示与修改界面

📝 任务工单

任务名称	位控制信号交互触摸屏监控实现		任务成绩	
学生班级			学生姓名	
所用设备	DELL 产品检测线		教学地点	
任务描述	AGV 是智能仓储物料分拣运输的重要环节，在工作过程中需要考虑导引方式选择、如何做好安全防护、如何实现与自动生产线的信号交互等。本次任务的学习主要是认识 AGV 常用传感器及与智能生产线的信号交互			
目标达成	1）掌握 AGV 常用传感器 2）掌握 AGV 与自动生产线的信号交互			
任务实施	学习步骤 1	AGV 常用传感器		
	自测	举例说明 AGV 常用传感器有哪些		
	学习步骤 2	AGV 与自动生产线交互		
	自测	 1）AGV 交互信号的类型 2）描述 AGV 交互信号的发送和接收流程		
任务评价	1）自我评价与学习总结 2）任课教师评价成绩			

⚙ 能力拓展——AGV 相关处理方法

1）AGV 外观处理见表 6-1。

表 6-1　AGV 外观处理

序号	保养项目	处理方法	周期	备注
1	表面除尘	先用抹布蘸酒精擦洗，再用干抹布擦拭	1 次/月	不得用香蕉水擦洗（会擦掉油漆）
2	检查各零件螺钉、螺母是否松动	用十字螺丝刀和 3~6mm 内六角扳手逐一检查	2 周/次	
3	检查面板上的不锈钢标签	检查标签是否挪动，更正位置（便于观察和美观）	1 次/月	
4	检查车体上是否有因碰撞造成的油漆小面积损坏	用与车体相同颜色油漆（手喷式）少量喷匀即可	1 次/月	不得用其他颜色油漆

2）AGV 机械异常报警处理见表 6-2。

表 6-2　AGV 机械异常报警处理

序号	故障显示（目测，听闻）	报警原因	解决方法
1	牵引棒不动作（能听到电机转动的声音）	牵引机构主轴铜套内可能有灰尘、铁屑卡住，机构下端弹簧导柱未固定好	1）清除牵引机构铜套内灰尘及铁屑，加黄油润滑 2）将机构下端弹簧导柱固定好
2	AGV 行走过程中左右颠簸声音明显	脚轮损坏、磨破	1）检查前后脚轮是否磨破（脚轮不同心故出现 AGV 车体抖动） 2）更换脚轮
3	驱动上升后停不住直接下降	1）接近开关未感应到上限位 2）感应到上限位后短暂停止并直接下降（单向轴承损坏）	1）调整接近开关位置 2）更换单向轴承
4	电池箱无法拖动	电池箱下轴承损坏	更换轴承

3）AGV 电气异常报警处理见表 6-3。

表 6-3　AGV 电气异常报警处理

序号	故障报警显示（触摸屏）	报警原因	解决方法
1	急停异常	急停开关被按下或开关和导线损坏，PLC 检测不到信号	复位急停开关或检查常闭信号是否正常
2	防撞机构异常	防撞机构接触障碍物	按下复位按钮即可
3	障碍物异常	AGV 前方检测到障碍物	移动物体重新启动 AGV 即可
4	牵引棒异常	牵引棒上升或下降过程中未检测到上下限位信号	检查接近开关信号是否正常，若正常则检查接近开关是否松动（接近开关与感应装置间距离变大，接近开关感应距离 0~4mm）
5	左驱动异常	PLC 未检测到左电机常闭报警信号	检查驱动器是否故障报警或报警信号线是否断开
6	右驱动异常	PLC 未检测到右电机常闭报警信号	检查驱动器是否故障报警或报警信号线是否断开
7	通信异常	PLC 与数据采集板未正常通信	检查 CIF11 扩展单元上接线是否错误
8	脱轨异常	AGV 脱离磁条轨道	检查磁导航上输入信号是否损坏（将磁条放在磁导航下方，左右移动并观察触摸屏功能设置中通信监视上的磁导航监视界面）
9	低电压报警	电池电压低于 AGV 低电压报警设置值	检查 AGV 低电压报警设置值是否为 22.5V，测量电池电压，若电池电压低于 22.5V，则需要立即充电
10	低电压停机	电池电压低于 AGV 低电压报警设置值	检查 AGV 低电压停机设置值是否为 22V，测量电池电压，若电池电压低于 22V，则需要立即充电
11	超载报警	AGV 因载重过大短时间内电流过大或驱动电机卡住	检查 AGV 超载报警设置值是否为 15A

巩固训练

1. AGV 是 Automated Guided Vehicle 的缩写，意即自动导引运输车。 （ ）

2. 电磁导引是在工作区域的地板下嵌入导线，施加特定的交流电磁信号，AGV 通过传感器检测此信号执行行走控制。 （ ）

3. 红外测距是红外线发射器以一定角度发射红外线，遇到物体后，光线反射，在检测到反射光线后，通过结构上的几何关系来计算物体的距离。 （ ）

4. 磁条导航是指在工作区域铺上磁条，AGV 通过磁传感器检测磁信号控制行走。 （ ）

5. 举例说明目前工业生产线常用的 AGV 导航方式。

6. 举例说明 AGV 导航运行过程中常用的传感器。

任务6.3 输送至智能仓储

📖 工作任务

1. 工作任务描述

认识物料输送智能仓储系统的控制流程，掌握智能仓储物流输送的工作过程。

2. 学习目标

1）能力目标：正确认识智能仓储物料输送控制流程，了解智能仓储的组成结构及操作流程。

2）知识目标：了解智能仓储的控制过程，掌握智能仓储物料出入库操作中的故障及其分析方法。

3）素质目标：培养仔细做事、独立思考的职业素养，培养正确表达自己思想的能力。

3. 教学组织设计

1）学生角色：操作者。

2）教学情境：企业生产部、设备维护部。

3）教学材料：学习参考材料、安全操作规范。

4. 教学过程

1）任务导入。

2）必备知识：安全操作规范。

3）技能训练：智能仓储控制流程分析及相关技术。

4）成果交流：小组讨论、交流。

5）教师点评：各组改进、提交作业。

📖 知识储备——智能仓储的概念

1. 智能仓储的基本概念

智能仓储是自动生产线物料分拣的一个重要环节。智能仓储的应用，保证了物料仓库管理各个环节数据输入的速度和准确性，确保企业及时、准确地掌握库存的真实数据，合理保持和控制企业库存。通过科学的编码，还可方便地对库存货物的批次、保质期等进行管理。利用WMS 的管理功能，还可以及时掌握所有库存货物的当前所在位置，有利于提高仓库管理的工作效率。如通用的 RFID 智能仓储解决方案，还配有 RFID 通道机、查询机、读取器等诸多硬件设备可选。

智能仓储系统结构如图 6-26 所示。

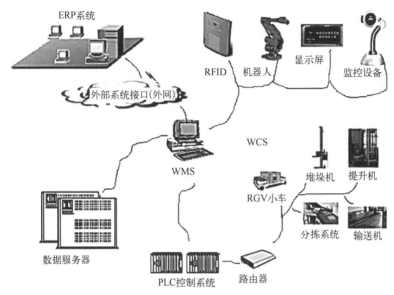

图 6-26 智能仓储系统结构

基于 RFID 的智能仓储系统主要功能如下：

1）动态盘点：支持"多人+异地+同时"在线盘点，盘点的同时可出入库记账，盘点非常直观。

2）动态库存：能够实时查询历史时段库存情况，方便财务审计或管理层进行检查。

3）单据确认：入库、出库、调拨制单后需要进行确认以更新库存。

4）RFID 手持机管理：使用 RFID 手持机扫描物料码进行单据确认、盘点、查询统计。

5）货位管理：RFID 关联物料具体定位（库架层号位号）。

6）质检管理：全面物品登记、入库质检确认、外检通知单。

7）定额管理：领料定额、储备定额、项目定额随机查询。

8）全生命周期管理：物资从入库到出库直至报废全过程管理。

9）工程项目管理：单项工程甲方供料管理。

10）需求物资采购计划审批：审批权限、审批流程、入库通知单，实现无限制审批层级。

智能仓储解决方案中一般还配有入库机、出库机、查询机等诸多硬件设备可选。

2. 智能仓储系统的主要技术与原理说明

（1）RFID

射频识别（RFID）利用超高频 RFID 系统雷达反射原理的自动识别系统，读写器通过天线向电子标签发出微波查询信号，电子标签被读写器微波能量激活，接收到微波信号后应答并发出带有标签数据信息的回波信号。RFID 技术的基本特点是采用无线电技术对静止或移动的物体进行识别，达到确定待识别物体的身份、提取待识别物体的特征信息（或标识信息）的目的。

（2）AGV

AGV指装备有电磁、光学等自动导引装置，能够沿规定的导引路径或者自主规划路径行驶，具有安全保护以及各种移载功能的运输车或搬运车。一般以可充电的蓄电池为其动力来源，通过地面控制系统上位机来控制其行进路线以及行为。

（3）机器人堆码垛

常用托盘码垛机器人能将不同外形尺寸的包装货物，整齐地、自动地码（或拆）在托盘上。为充分利用托盘的面积和码堆物料的稳定性，机器人具有物料码垛顺序、排列设定器。根据码垛机构的不同，托盘码垛机器人可以分为多关节型和直角坐标型。根据爪具形式的不同，托盘码垛机器人可分为侧夹型、底拖型、真空吸盘型。

（4）立体化仓库

立体化仓库又称高层货架仓库、自动存取系统（Automatic Storage/Retrieval System，AS/RS）。它一般采用几层、十几层甚至几十层高的货架，用自动化物料搬运设备进行货物出库和入库作业。立体化仓库一般由高层货架、物料搬运设备、控制和管理设备及土建公用设施等部分构成。

（5）仓储管理系统

仓储管理系统（WMS）是通过入库业务、出库业务、仓库调拨、库存调拨和虚仓管理等功能，批次管理、物料对应、库存盘点、质检管理、虚仓管理和即时库存管理等功能综合运用的信息化管理系统。WMS 有效控制并跟踪仓库业务的物流和成本管理全过程，实现完善的仓储信息管理。WMS 既可以独立执行物流仓储库存操作，也可以实现物流仓储与企业运营、生产、采购、销售智能化集成。

（6）仓储控制系统

仓储控制系统（WCS）位于仓储管理系统（WMS）与物流设备之间的中间层，负责协调、调度底层的各种物流设备，使底层物流设备可以执行仓储系统的业务流程，并且这个过程完全是按照程序预先设定的流程执行。WCS 是保证整个物流仓储系统正常运转的核心。

智能仓储主要解决了自动生产线对人工的依赖问题，在智能仓储系统（如 C-WMS）的帮助下，自动接收、识别、分类、组织和提取货物。智能仓储解决方案自动完成从供应商到客户的整个操作，并且错误最少。

3. 智能仓储的主要构成要素

1）多层货架：进行存储货物且便于取放的钢结构件。

2）托盘（货箱）：用于承载货物的器具。

3）巷道堆垛机：可根据要求自动存取货物的设备。

4）输送机系统：智能仓库的主要外围设备，负责将货物运送到堆垛机或从堆垛机将货物移走。

5）AGV、RGV、SGV。

6）WCS 是驱动智能仓储系统各底层硬件设备的自动控制系统。

7）WMS 是面向智能仓储的数字化管理平台。

4. 智能仓储物料输送线出入库控制

以 DELL 智能产品检测线为例，智能仓储中自动物料输送线主要用于原料及成品的投放、输送、分拣。人机界面可监控输送设备的运行、故障信息显示和故障的处理流程；通过物料投放及读码，在 WCS 的调度下共同完成货物的自动输送分拣任务。

仓储物料输送线的主要结构如下：

1）电控系统主要由 1 台主控制柜和 1 个触摸屏组成。

2）主控制柜为触摸屏及上位机系统提供电源，同时为各回路提供保护，并具有声、光报警功能，主要装有 SIEMENS 公司的 S7-1200 CPU，配置输入/输出模块，以及其他类型控制器件。

3）系统通信网络搭建主要由 Profinet 工业以太网，通过 CPU 本身自带端口以太网通信处理器模块连接到交换机，从而与 WCS、每个分区模块 PLC 进行以太网通信。

仓储物料输送线的运行动作流程如下：

1）入库：入库的方式有两种，一种是 AGV 从生产线送来物料，并从 1002 站台入库；另一种方式是人工从 1005 站台入库。

2）出库：出库方式也有两种，一种是堆垛机将物料出库至 1001 站台，然后 AGV 把货送至生产线；另一种方式是从 1005 站台出库，并由人工搬走物料。

仓储物料输送线的主要功能如下：物料的输送；对各设备的运行、状态进行实时监控，并通过现场操作员进行设备运行状态显示和故障报警；通过现场操作员对现场设备进行手动操作及信息维护。

触摸屏监控界面包括：

（1）系统监控操作界面

如图 6-27 所示，输送线操作界面形象地显示了现场输送线的位置及设备编号情况，其主要用来做手动操作功能，当选中需要操作的设备后，按下正反转按钮即可操作设备，同时操作界面也有设备光电状态显示功能。

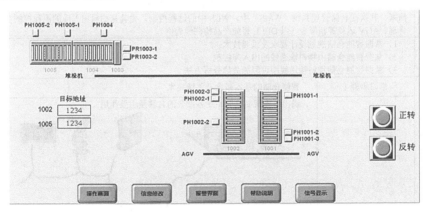

图 6-27 智能仓储物料输送线监控界面

其中，灰色表示初始状态，即没有探测到货物。若当前输送设备上有出入库的货物，则光电显示为绿色，光电的位置与实际一一对应。

（2）故障报警信息界面

故障报警信息界面见图 6-15。当有异常信息时，弹窗将显示报警的信息内容，维护人员将根据报警显示及时处理异常。异常处理后，弹窗会自动关闭，过程中也可手动单击 按钮关闭界面,单击 🔼 按钮可上下翻看故障内容。

（3）相关帮助及说明界面

如图 6-28 所示为相关帮助及说明界面。

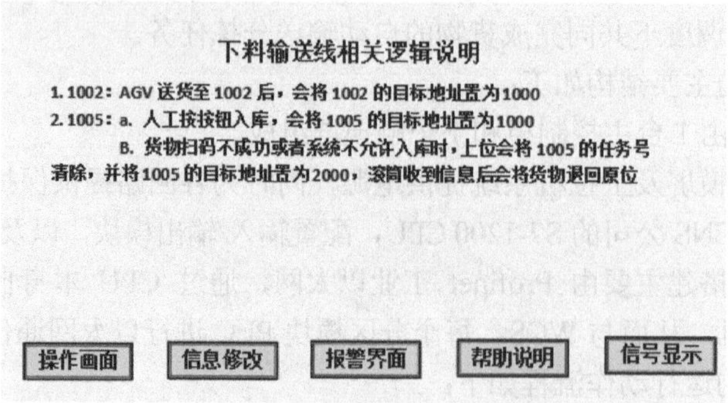

图 6-28　相关帮助及说明界面

5. 主电操作步骤

上电方法：上电顺序为先上强电再上弱电，先把电气主控制柜总开关上推，再把其余开关上推，所有设备显示正常，上电完毕。

断电方法：断电顺序与上电相反，先把弱电开关下拉，最后把主控制柜总开关下拉，断电完毕。

📝 任务工单

任务名称	物料输送至智能仓储		任务成绩	
学生班级			学生姓名	
所用设备	DELL 智能产品检测线		教学地点	
任务描述	智能仓储管理系统中物料输送至智能仓储环节是非常重要的，首先是智能仓储的布局规划要合理，流程路径清晰。其次在仓储管理系统（WMS）中，WCS 中的过程控制，尤其是物料出入库的流程控制实现必须与订单管理、AGV 运载等相配合（以 DELL 智能产品检测线为例）			
目标达成	1）掌握智能仓储规划设计要求及重要技术 2）掌握智能仓储中物料输送线的出入库控制 3）掌握智能仓储物料输送线中可能的故障分析方法			
任务实施	学习步骤1	智能仓储的基本概念及关键技术		
	自测	说出下图智能仓储系统各部分的名称及主要作用 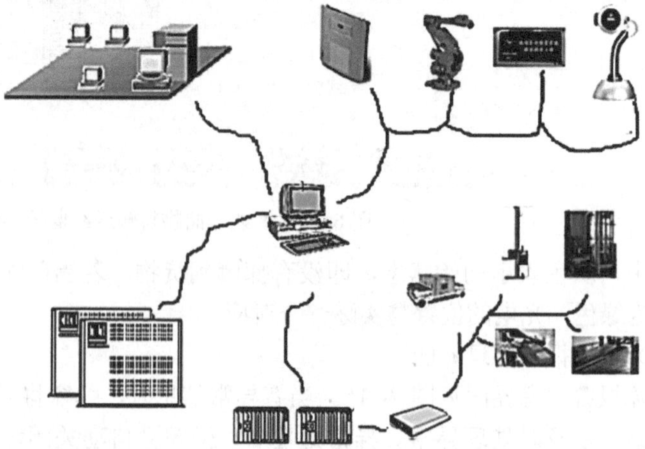 		

（续）

	学习步骤2	智能仓储的重要技术
任务实施	自测	1）在 Internet 上查找一个相关的智能仓储的模型
		2）说明该智能仓储模型中所应用的关键技术有哪些
	学习步骤3	以 DELL 智能产品检测线为例，完成物料输送线的控制及故障分析
	自测	1）一般智能仓储中物料输送线的基本机构
		2）物流输送线的人机界面分析
		3）物料输送线常见故障有哪些？如何解决
任务评价		1）自我评价与学习总结 2）任课教师评价成绩

 能力拓展——智能仓储物料自动入库故障分析

1. 智能仓储物料自动入库中的典型故障分析

（1）堆垛机超时故障

堆垛机在设定的时间内没有叉到货物或者没有回到中心位置都会自动默认为超时故障。解决方法：先检查叉货电动机减速器是否紧密连接，连接轴与货叉定位编码器是否紧密连接，任何的松动都会导致电动机正常运转但是货叉不运行。一般定期检修既能保证仓库的正常运转，也能减轻故障率。

（2）输送线电动机故障

输送线电动机在运行中容易发生的故障有因为运行时间过长或强度过大而导致电动机升温过高或者冒烟，这是最为常见的电动机故障。其原因主要有电动机本身的质量问题，也有环境问题，如环境温度过高或者不能及时散热，以及轴承过热、噪声异常等原因。可以通过定期保养、实时检测来实现对电动机故障的把控。

（3）程序故障

PLC 存在错误，导致软件与硬件配合精度不够，造成系统与硬件不能完全匹配。一般需根据控制系统的具体要求，不断进行进化和完善。在此之前一定要根据固定钉的方法和步骤，一步一步地设计复杂的系统程序，将众多因素全部考虑进来，多次试验、多次修改程序，直到与硬件完全匹配。

（4）空取故障

在立体库运行中经常出现空取故障，即下达指令以后取不到东西。经分析可能是条码错误，也有可能是上货时出现失误。这种情况只能进行反复检查、及时检查。

（5）人为失误

当货物摆放不整齐时，智能立体库系统也会报警。针对这种情况要求货品摆放一致，并固定在拍子的固定位置上，或者在上货之前用红外线进行检查，不合格不许上智能立体库系统。再有就是出现条码失误，打错码、填错货品名称、填错货位的情况时有发生，为了避免这种情况，只能每日检查和核对当日的入库情况。

2. 智能仓储管理系统架构

智能仓储管理系统需要完成诸如移库、库存调整、库存冻结等仓库内库存动态管理、采购订单到销售订单的流程处理、物料及产品收货、分拣、入库、出库、配载、订单合并等流程的多地多仓联动、运力匹配、业务对账及财务管理等诸多操作，为管理透明，同时又便于操作，系统设计之初必须进行合理规划。初步设计流程示例如图 6-29 所示。

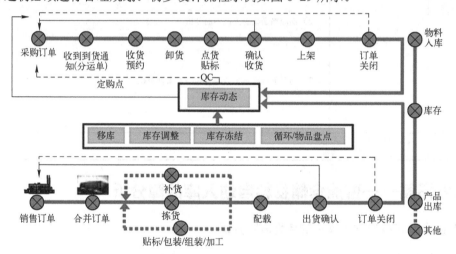

图 6-29　智能仓储管理系统初步设计流程示例

基本作业模块包括物料入库、移库、库存调整、库存冻结、循环/物品盘点、产品出库、拣货作业、配载等。在此基础上可增加扩展模块，如产品条码扫描及检测、资源调度、上架及拣货逻辑、移仓推荐、可视化仓位图、分析决策。

3. 仓储货物出库具体流程

出库处理包括订单数据录入及处理、预分拣、拣货操作、包装处理、AGV运载、装车出库等。下面分步了解相关操作。

1）订单数据录入及处理，主要完成订单合并及目的地综合处理，操作如图 6-30 所示。

2）按指定方式进行预分拣，操作方式如图 6-31 所示。

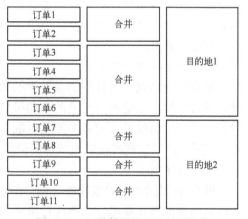

图 6-30　订单数据录入及处理操作

预分拣方式	描述
先进先出（FIFO）	按入库时间，先入库的货物优先选择出库
先到期先出（FEFO）	按货物保质期进行选择出库，确保货物不超过保质期
按批次	根据批次号选定批次出库
自由选择	根据指定要求自主选择

图 6-31 物料预分拣操作方式

3）拣货处理，操作流程如图 6-32 所示。

拣货	描述
任务调度	WMS内完成任务调度
扫描条码	自动扫描出库货物条码
AGV运载	库内运载
库存信息扣减	物品出库，自动扣减物品库存量

图 6-32 物料分拣操作流程

 巩固训练

1. 射频识别技术的基本特点是采用无线电技术对静止或移动的物体进行识别，达到确定待识别物体的身份、提取待识别物体的特征信息（或标识信息）的目的。（   ）

2. 仓储控制系统（WCS）位于仓储管理系统（WMS）与物流设备之间的中间层，负责协调、调度底层的各种物流设备。（   ）

3. 仓储管理系统（WMS）是通过_____、_____、_____、_____和_____等功能，批次管理、物料对应、库存盘点、质检管理、虚仓管理和即时库存管理等功能综合运用的_____系统。WMS 有效控制并跟踪仓库业务的物流和成本管理全过程，实现完善的仓储信息管理。WMS 既可以_____物流仓储库存操作，也可以实现_____与_____、生产、采购、销售智能化集成。

4. WMS 是_____。

5. 举例说明基于 RFID 的智能仓储系统的主要功能。

6. 智能仓储系统的主要构成要素有哪些？

项目七　产品上料控制

任务 7.1　产品输送与定位

工作任务

1. 工作任务描述

认识红外传感器、阻挡气缸、输送线等，掌握其结构、组成及工作原理，并熟悉其应用。

2. 学习目标

1）能力目标：正确认识红外传感器、阻挡气缸及输送线，能正确将它们运用在产品的输送线控制单元。

2）知识目标：了解并掌握红外传感器的结构及工作原理，阻挡气缸的结构及工作原理，以及输送线的结构、类型、基本应用。

3）素质目标：培养学生仔细做事、独立思考的职业素养，培养正确表达自己思想的能力。

3. 教学组织设计

1）学生角色：操作者。

2）教学情境：企业生产部、设备维护部。

3）教学材料：学习参考材料、安全操作规范。

4. 教学过程

1）任务导入：当物料到达产品输送线，系统启动开始运送产品，产品达到视觉定位装置处，由红外传感器 1 检测到产品，阻挡气缸 1 伸出，物料停止运送。

2）必备知识：输送线类型及工作原理、红外传感器基本知识、安全操作规范。

3）技能训练：产品输送线种类辨别和结构组成认知、产品输送线操作过程。

4）成果交流：小组讨论、交流。

5）教师点评：各组改进、作业。

知识储备——红外传感器与阻挡气缸

1. 红外传感器基本知识

红外传感器是将辐射能转换为电能的一种传感器，又称红外探测器。常见的红外探测器有两类：热探测器和光子探测器。热探测器是利用人体红外辐射引起探测器的敏感元件的温度变化，进而使有关物理参数发生相应的变化，通过测量有关物理参数的变化来确定红外探测器吸收的红外辐射。热探测器的主要优点是响应波段宽，可在室温下工作、使用方便，但响应时间长，灵敏度低，一般用于红外辐射变化缓慢的场合，如温测仪、红外摄像等。光子探测器是利用某些半导体材料在红外辐射的照射下，产生光子效应，使材料的电学性质发生变化，通过测量电学性质的变化，可以确定红外辐射的强弱。光子探测器的主要优点是灵敏度高，响应速度快，响应频率高，但一般需在低温下工作。

（1）红外检测的物理基础

红外辐射是一种不可见光，由于是位于可见光中红色光以外的光线，故称红外线。红外线的波长范围为 0.76～1000μm，在电磁波谱中的位置如图 7-1 所示。

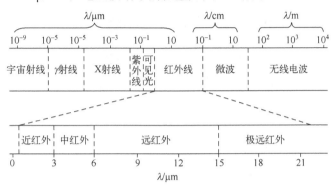

图 7-1　红外线在电磁波谱中的位置

红外辐射的物理本质是热辐射。一个炽热物体向外辐射的能量大部分是通过红外线辐射出来的。物体的温度越高，辐射出来的红外线越多，辐射的能量就越强。而且，红外线被物体吸收时，可以显著地转变为热能。

在自然界中，只要物体本身具有一定温度（高于绝对零度），都能辐射红外线。如电机、电器、炉火，甚至冰块都能产生红外辐射。

（2）红外辐射的基本定律

1）基尔霍夫定律：在一定温度下，地物单位面积上的辐射通量 W 和吸收率之比，对于任何物体都是一个常数，并等于该温度下同面积的黑体辐射通量 W。在给定的温度下，物体的发射率=吸收率（同一波段）；吸收率越大，发射率也越大。地物的热辐射强度与温度的 4 次方成正比，所以地物微小的温度差异会引起红外辐射能量的明显变化。这种特征构成了红外遥感的理论基础。

2）玻耳兹曼定律：即黑体总辐射通量随温度的增加而迅速增加，它与温度的 4 次方成正比。因此，温度的微小变化就会引起辐射通量密度很大的变化，这正是红外装置测定温度的理论基础。

3）维恩位移定律：随着温度的升高，辐射最大值对应的峰值波长向短波方向移动。

（3）红外传感器的分类

红外传感器一般由光学系统、探测器、信号调理电路及显示系统组成。

红外传感器的种类很多。根据驱动方式不同，可分为电平型和脉冲型；根据探测原理的不同，可分为光子探测器（探测原理基于光电效应）和热探测器（探测原理基于热效应）；根据功能不同，可分为辐射计、搜索跟踪系统、热成像系统、红外测距通信系统和混合系统五大类。

1）光子探测器。

入射红外辐射的光子流与探测器材料中的电子相互作用，从而改变电子的能量状态，引起各种电学现象，称光子效应。利用光子效应制成的红外探测器，统称光子探测器。

光子探测器通过测量材料电子性质的变化，可以知道红外辐射的强弱。其主要特点是灵敏度高，响应速度快，具有较高的响应频率，但探测波段较窄，一般需在低温下工作。光子探测器如图 7-2 所示。

图 7-2　光子探测器

2）热探测器。

热探测器是利用红外辐射的热效应，探测器的敏感元件吸收辐射能后引起温度升高，进而使有关物理参数发生相应变化，通过测量物理参数的变化，便可确定探测器所吸收的红外辐射。

热探测器主要优点是响应波段宽，响应范围可扩展到整个红外区域，可以在室温下工作，使用方便，应用相当广泛。热探测器主要类型有热释电型、热敏电阻型、热电偶型、气体型。其中热释电型探测器在热探测器中探测率最高，响应频率最宽，备受重视。热探测器如图 7-3 所示。

图 7-3　热探测器

2．阻挡气缸的类型及结构

气缸是气压传动中将压缩气体的压力能转换为机械能的气动执行元件。普通气缸的结构如图 7-4 所示，主要由前端盖、后端盖、活塞、活塞杆、缸筒及其他一些零件组成。

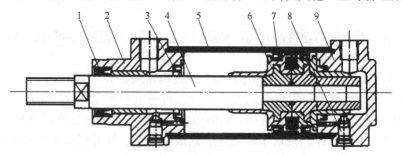

图 7-4　普通气缸的结构

1—组合防尘圈　2—前端盖　3—轴用 Y_X 密封圈　4—活塞杆　5—缸筒
6—活塞　7—孔用 Y_X 密封圈　8—缓冲调节阀　9—后端盖

以气压传动系统中最常使用的单活塞杆双作用气缸为例，其结构如图 7-5 所示，由缸筒、活塞、活塞杆、前端盖、后端盖及密封件等组成。双作用气缸内部被活塞分成两个腔。有活塞杆的腔称为有杆腔，无活塞杆的腔称为无杆腔。

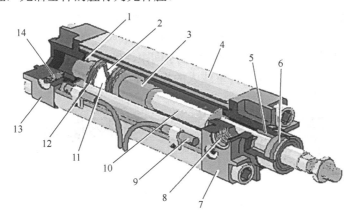

图 7-5　单活塞杆双作用气缸的结构

1、3—缓冲柱塞　2—活塞　4—缸筒　5—导向套　6—防尘圈　7—前端盖　8—气口
9—传感器　10—活塞杆　11—耐磨环　12—密封圈　13—后端盖　14—缓冲节流阀

当从无杆腔输入压缩空气时，有杆腔排气，气缸两腔的压力差作用在活塞上所形成的力克服阻力负载推动活塞运动，使活塞杆伸出；当有杆腔进气、无杆腔排气时，使活塞杆缩回。若有杆腔和无杆腔交替进气和排气，活塞实现往复直线运动。

3. 输送线的类型及结构

输送线由输送带、驱动装置、传动滚筒、托辊、张紧装置等组成。输送带是一种环形的封闭形式传送带，兼有输送和承载两种功能。传动滚筒依靠摩擦力带动输送带运动。输送线主要输送散状物料，也能输送单件质量不大的工件。托辊用于长距离输送时防止由于物料自重和带自重引起的输送带下垂。托辊距离的选择原则为上托辊距为成件物料在输送方向上尺寸的一半，下托辊距可取上托辊距的 2 倍。

常见的托辊结构如图 7-6 所示。

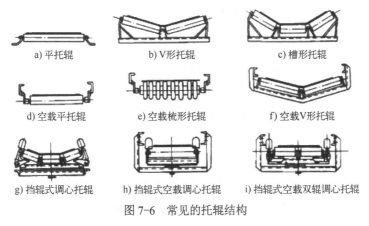

a) 平托辊　　　b) V形托辊　　　c) 槽形托辊

d) 空载平托辊　　e) 空载梳形托辊　　f) 空载V形托辊

g) 挡辊式调心托辊　h) 挡辊式空载调心托辊　i) 挡辊式空载双辊调心托辊

图 7-6　常见的托辊结构

托辊的作用是避免输送带打滑，控制输送带挠度，减小输送阻力。托辊按结构分类有螺杆式、弹簧螺杆式、重锤式、绞车式。

（1）辊子输送系统

辊子输送系统是利用辊子的转动来输送工件的输送系统，一般分为无动力辊子输送系统和动力辊子输送系统。

1）无动力辊子输送系统。无动力辊子输送系统又称辊道，有长、短两种。长辊道辊子形状有圆柱形、圆锥形和曲面形几种，以圆柱形长辊道应用最广。辊道曲线段采用圆锥形辊子或双排圆柱形辊子，可使物品转弯。短辊道可缩短辊子间距，自重较轻。

无动力辊子输送系统依靠工件的自重或人的推力使工件向前输送，自重式则沿输送方向略向下倾斜，如图 7-7 所示。

图 7-7　无动力辊子输送系统

2）动力辊子输送系统。动力辊子输送系统常用于水平或向上微斜的输送线路。驱动装置将动力传给辊子，使其旋转，通过辊子表面与输送物品表面间的摩擦力输送物品。动力辊子输送系统按驱动方式有单独驱动与成组驱动之分。前者的每个辊子都配有单独的驱动装置，便于拆卸。后者是若干辊子作为一组，由一个驱动装置驱动，以降低设备造价。

（2）悬挂输送系统

悬挂输送系统由牵引件、滑架小车、吊具、轨道、张紧装置、驱动装置、转向装置和安全装置等组成。悬挂输送系统适用于车间内成件物料的空中输送，分为通用悬挂输送系统和机放式悬挂输送系统两种。如图 7-8 所示为滑架小车。

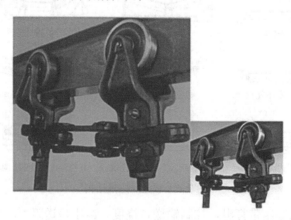

图 7-8　滑架小车

输送线广泛用于肉类加工业、冷冻食品业、水产加工业、饮料及食品、乳品加工业、制药、包装、电子、电器、汽配、喷涂、电镀、电泳、汽车摩托车装配、加工制造业、农副产品加工业等多个行业。

任务工单

任务名称	产品输送与定位		任务成绩	
学生班级			学生姓名	
所用设备			教学地点	
任务描述	在智能仓储系统中，物料的输送及产品的分拣是重要的环节之一，通过本任务的学习，认识产品的输送线、红外传感器及阻挡气缸的基本结构，了解红外传感器的类型及基本工作原理，掌握产品输送、停止等控制过程的工作原理，熟练掌握产品输送线的典型故障排除方法与技能			
目标达成	1）能够正确认识产品输送线的类型 2）掌握产品输送线与定位系统的组成 3）熟知产品输送与定位原理 4）掌握典型故障的排除方法			
任务实施	学习步骤1		产品输送线整体介绍，输送线组成、各部分特点及应用场合	
	自测		以下图片哪些是产品输送线的组成部分  a) 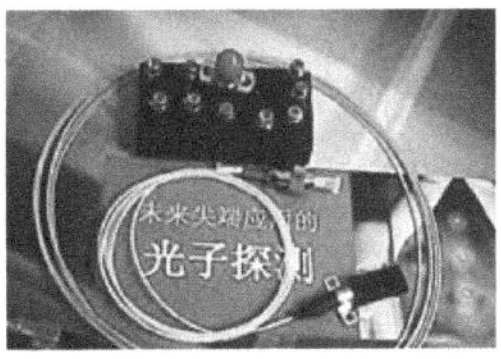　　　　　　　　b) 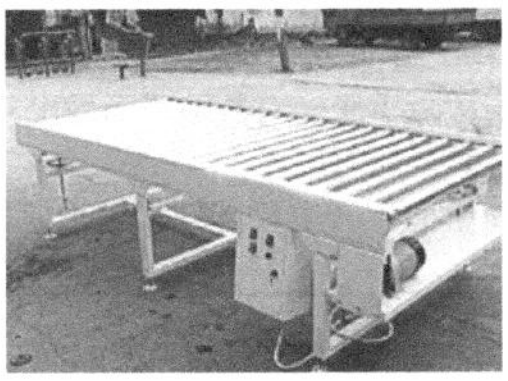 c) 　　　　　　　　d)  e) 　　　　　　　　f)	
	学习步骤2		红外传感器的分类、结构及工作原理，通过多媒体手段结合实验实训设备，讲解红外传感器的分类、结构及工作过程	
	自测		红外传感器的分类 1） 2） 3） 4） 举例说明红外传感器的应用场合	

（续）

	学习步骤3	气缸的分类和工作原理，通过多媒体手段结合实验实训设备，讲解气缸的类型、组成及工作原理
任务实施	自测	认一认，以下分别是哪种类型的气缸 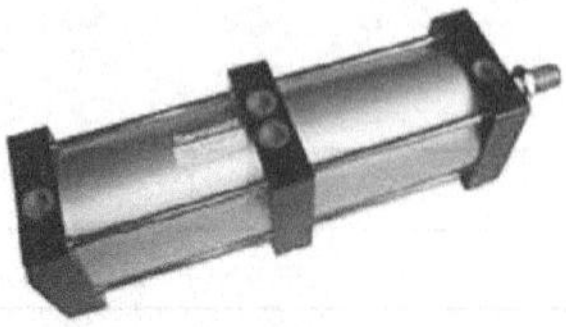    （　　） （　　） （　　）　　　　　　　　　（　　）
	学习步骤4	典型故障与排除方法
	1）典型故障描述 产品输送线启动故障 2）典型故障的排除方法 查阅输送线设备故障手册，对故障原因做出判断 借助硬件诊断工具，如万用表 观察输送线所使用的一些主要部件，如报警指示灯，控制面板，触摸屏等，观察当前的工作状态及报警信息	
任务评价	1）自我评价与学习总结 2）任课教师评价成绩	

能力拓展——红外传感器的应用

红外传感器在现代化生产实践中发挥着巨大的作用。随着探测技术和其他相关技术的提高，红外传感器能够拥有更多的性能和更好的灵敏度。红外探测器可以用于非接触式的温度测量、气体成分分析、无损探伤、热像检测、红外遥感以及军事目标的侦察、搜索、跟踪和通信等。

（1）红外传感器在生活中的应用

1）红外线遥控鼠标：在机械式鼠标底部有一个露出一部分的塑胶小球，当鼠标在操作桌面上移动时，小球随之转动，在鼠标内部装有三个滚轴与小球接触，其中有两个分别是 X 轴方向和 Y 轴方向滚轴，用来分别测量 X 轴方向和 Y 轴方向的移动量，另一个是空轴，仅起支撑作用。拖动鼠标时，由于小球带动三个滚轴转动，X 轴方向和 Y 轴方向滚轴又各带动一个转轴（称为译码轮）转动，译码轮两侧分别装有红外发光二极管和光电传感器，组成光电耦合器。光电传感器内部沿垂直方向排列有两个光电晶体管 A 和 B。由于译码轮有间隙，故当译码轮转动时，红外发光二极管发出的红外线时而照在光电传感器上，时而被阻断，从而使光电传感器输出脉冲信号。光电晶体管 A 和 B 被安放的位置使其被光照和阻断的时间有差异，从而使产生的脉冲 A 和 B 有一定的相位差，利用这种方法，就能测出鼠标的拖动方向。红外线遥控鼠标如图 7-9 所示。图 7-9a 则为鼠标的内部结构，其中包括红外传感器。

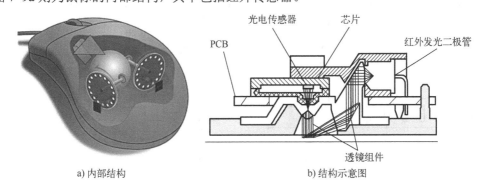

a) 内部结构　　　　　　　　　　　b) 结构示意图

图 7-9　红外线遥控鼠标

红外线遥控鼠标由红外发射器和红外接收器两部分组成，其原理框图如图 7-10 所示。

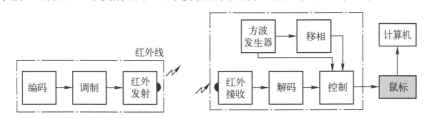

图 7-10　红外线遥控鼠标原理框图

红外发射器电路如图 7-11 所示。IC1 为编码器集成电路 VD5026，与它配对的译码器集成电路为 VD5027 或 VD5028。VD5026 的 1～8 引脚为地址端 A0～A7，10～13 引脚为数据端 D0～D3（与 VD5028 配合使用时可作为地址端 A8～A11），17 引脚为编码信号输出端，其输出信号对 IC2A、IC2B 等组成的 40kHz 脉冲发生器的信号进行调制。调制后的脉冲信号经 IC2C、IC2D 后由 VT$_1$ 推动红外发光二极管 VD$_5$、VD$_6$ 发射红外线。IC2C、IC2D 有缓冲和整形的作用。R$_5$ 为编码器 VD5026 的振荡电阻，它与配对的解码器 VD5027 的振荡电阻应该取相同的值，以保证时钟频率一致，否则将不能译码。数据端 D0～D3 的电平决定了鼠标的移动方向和左、右键的工作状态，其电平受 S$_1$～S$_6$ 的控制，其中 S$_1$、S$_2$ 控制 X 轴方向的正向和反向移动，S$_3$、S$_4$ 控制 Y 轴方向的正向和反向移动，S$_5$、S$_6$ 分别为鼠标的左、右控制键。

2）液晶电视红外遥控器。

由于红外遥控器具有体积小、功耗低、功能强、成本低等特点，因而，继彩电、录像机之后，在录音机、音响设备、空调以及玩具等其他小型电器装置上也纷纷采用红外遥控器。工业设备环形绕线机中，在高压、辐射、有毒气体、粉尘等环境下，采用红外遥控器不仅完全可靠而且能有效地隔离电气干扰。

通用红外遥控系统由发射和接收两大部分组成。应用编/解码专用集成电路芯片控制操作，如图 7-12 所示。发射部分包括键盘矩阵、编码调制、LED 红外发送器；接收部分包括光-电转换放大器、解调、解码电路。

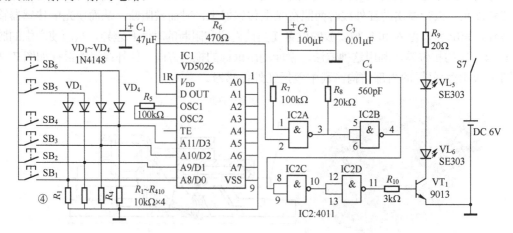

图 7-11　红外发射器电路

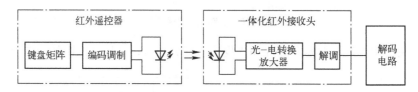

图 7-12　红外遥控系统原理框图

（2）红外传感器在工业上的应用

1）红外无损探伤仪。红外无损探伤仪可以用来检查部件内部缺陷，对部件结构无任何损伤。如检查两块金属板的焊接质量，利用红外辐射探伤仪能十分方便地检查漏焊或缺焊，以及金属材料的内部裂缝。

将红外辐射对金属板进行均匀照射，利用金属对红外辐射的吸收与缝隙（含有某种气体或真空）对红外辐射的吸收所存在的差异，可以探测出金属断裂空隙。当红外辐射扫描器连续发射一定波长的红外光通过金属板时，在金属板另一侧的红外接收器也同时连续接收到经过金属板衰减的红外光。如果金属板内部无断裂，红外辐射扫描器在扫描过程中，红外接收器收到的是等量的红外辐射。

2）多晶硅红外无损探测仪。如果金属板内部存在断裂，红外接收器在红外辐射扫描器扫描到断裂处时所接收到的红外辐射值与其他地方不一致，利用图像处理技术，就可以显示出金属板内部缺陷的形状。图 7-13 为红外成像仪、非接触式红外测温仪。

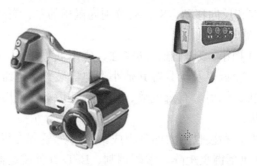

图 7-13　红外成像仪、非接触式红外测温仪

（3）红外传感器在军事上的应用

红外传感器在军事上的应用主要包括瞄准吊舱、直升机、无人机、预警机、侦察车、舰艇用新型侦察技术等，如图7-14所示。

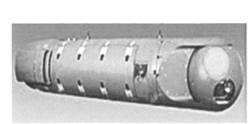

图7-14 诺斯罗普-格鲁曼公司研制的莱特宁先进瞄准吊舱系统

（4）红外传感器在智能机器人中的应用

随着时代和科技的发展，出现了智能机器人。它们拥有一个比较发达的"大脑"，这个"大脑"就是计算机，并且内部拥有各式各样的内部信息传感器和外部信息传感器，这样就使得它们拥有人类一样的嗅觉、视觉、触觉、听觉等。如图7-15所示为QRIO机器人。

图7-15 QRIO机器人

如图7-16所示为红外传感避障电子小车，如图7-17所示为红外遥控避障小车。

图7-16 红外传感避障电子小车

图 7-17　红外遥控避障小车

 巩固训练

1. 比较内光电效应各类传感器的性能，填表 7-1。

表 7-1　内光电效应各类传感器的性能

名称	图形	光谱特性	工作方式
光敏电阻			
光电二极管			
光电晶体管			

2. 输送线的基本结构包括哪几部分？每部分的作用是什么？
3. 链式输送系统与辊子输送系统各自的优缺点是什么？
4. 单作用气缸有哪几种类型？各自的特点是什么？
5. 双作用气缸有哪几种类型？各自的特点是什么？
6. 什么是热释电效应？热释电型传感器与哪些因素有关？
7. 简述红外测温的特点。

任务 7.2　机器人基础认知

工作任务

1. 工作任务描述

认识机械手并掌握机械手的结构组成及工作原理。

2．学习目标

1）能力目标：正确认识机械手，了解机械手的结构和工作原理，正确将机械手运用在产品的输送线控制单元。

2）知识目标：了解并掌握机械手的结构、工作原理及应用场合。

3）素质目标：培养仔细做事、独立思考的职业素养，培养正确表达自己思想的能力。

3．教学组织设计

1）学生角色：操作者。

2）教学情境：企业生产部、设备维护部。

3）教学材料：学习参考材料、安全操作规范。

4．教学过程

1）任务导入。

2）必备知识：安全操作规范。

3）技能训练：输送线种类辨别和机械手动作分析。

4）成果交流：小组讨论、交流。

5）教师点评：各组改进、作业。

📖 知识储备——工业机器人的结构与原理

1．工业机器人专业术语与图形符号

（1）关节

关节（Joint）即运动副，是允许机器人手臂各零件之间发生相对运动的机构，也是两构件直接接触并能产生相对运动的活动连接，如图7-18所示，A、B两部件可以做互动连接。

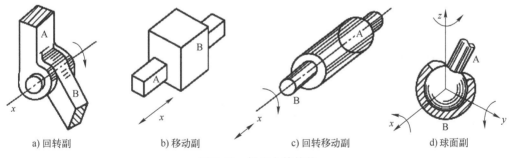

| a) 回转副 | b) 移动副 | c) 回转移动副 | d) 球面副 |

图7-18　机器人的关节

高副机构简称高副，指的是运动机构的两个构件通过点或线的接触而构成的运动副。如齿轮副和凸轮副就属于高副机构。平面高副机构拥有两个自由度，即相对接触面切线方向的移动和相对接触点的转动。相对而言，通过面的接触而构成的称为低副机构。

关节是各杆件间的结合部分，是实现机器人各种运动的运动副。由于机器人的种类很多，其功能要求不同，关节的配置和传动系统的形式都不同。机器人常用的关节有移动、回转运动副。一个关节系统包括驱动器、传动器和控制器，属于机器人的基础部件，是整个机器人伺服系统中的一个重要环节，其结构、重量、尺寸对机器人性能有直接影响。

1）回转关节。回转关节又称回转副、旋转关节，是使连接两杆件的组件中的一件相对另一

件绕固定轴线转动的关节。回转关节的两个构件之间只做相对转动，如手臂与基座、手臂与手腕，并实现相对回转或摆放。回转关节由驱动器、回转轴和轴承组成。多数电动机能直接产生旋转运动，但常需各种齿轮、链、带传动或其他减速装置，以获取较大的转矩。

2）移动关节。移动关节又称移动副、滑动关节，是使两杆件的组件中的一件相对于另一件做直线运动的关节，两个构件之间只做相对移动。它采用直线驱动方式传递运动，包括直角坐标结构的驱动、圆柱坐标结构的径向驱动和垂直升降驱动，以及极坐标结构的径向伸缩驱动。直线运动可以直接由气缸或液压缸和活塞产生，也可以采用齿轮齿条、丝杠、螺母等传动元件把旋转运动转换成直线运动。

3）圆柱关节。圆柱关节又称回转移动副、分布关节，是使两杆件的组件中的一件相对于另一件移动或绕一个移动轴线转动的关节，两个构件之间除了做相对转动之外，还同时可以做相对移动。

4）球关节。球关节又称球面副，是使两杆件间的组件中的一件相对于另一件在三个自由度上绕一固定点转动的关节，即组成运动副的两构件能绕一球心做三个独立的相对转动的运动副。

（2）连杆

连杆（Link）是指机器人手臂上被相邻两关节分开的部分，是保持各关节间固定关系的刚体，是机械连杆机构中两端分别与主动和从动构件铰接以传递运动和力的杆件。如在往复活塞式动力机械和压缩机中，用连杆来连接活塞与曲柄。连杆多为钢件，其主体部分的截面多为圆形或工字形，两端有孔，孔内装有青铜衬套或滚针轴承，供装入轴销而构成铰接。

连杆是机器人中的重要部件，它连接着关节，其作用是将一种运动形式转变为另一种运动形式，并把作用在主动构件上的力传给从动构件以输出功率。

（3）刚度

刚度（Stiffness）是机器人机身或臂部在外力作用下抵抗变形的能力，用外力和在外力作用方向上的变形量之比来度量。在弹性范围内，刚度是零件载荷与位移成正比的比例系数，即引起单位位移所需的力。它的倒数称为柔度，即单位力引起的位移。刚度分为静刚度和动刚度。

在任何力的作用下，体积和形状都不发生改变的物体称为刚体（Rigid body）。在运动中，刚体上任意一条直线在各个时刻的位置都保持平行。

2. 机器人的图形符号体系

（1）运动副的图形符号

机器人所用的零件和材料以及装配方法等与现有的各种机械完全相同。机器人关节常用的运动副有移动副、回转副。常用的运动副图形符号见表 7-2。

表 7-2　常用的运动副图形符号

运动副名称		运动副图形符号	
		两运动构件构成的运动副	两构件之一为固定时的运动副
空间运动副	螺旋副		

（续）

运动副名称		运动副图形符号	
		两运动构件构成的运动副	两构件之一为固定时的运动副
空间运动副	球面副及球销副	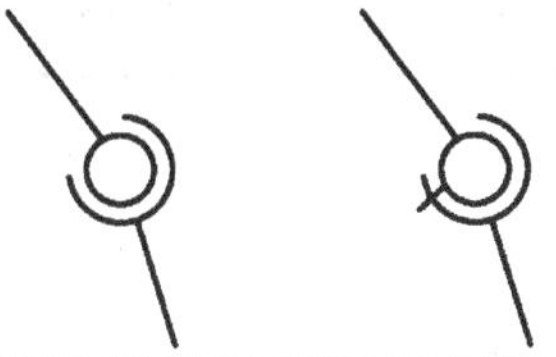	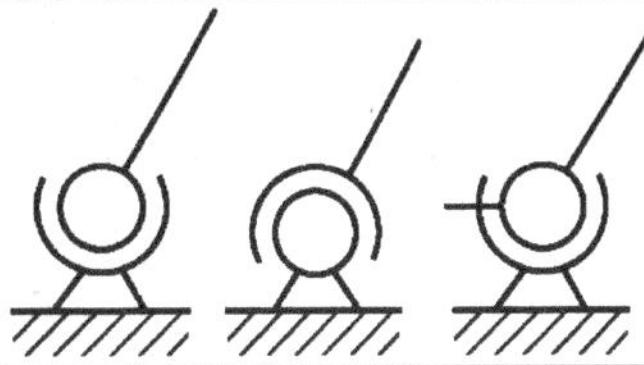
平面运动副	回转副	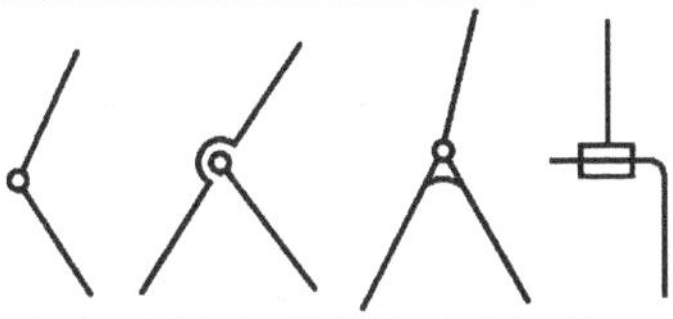	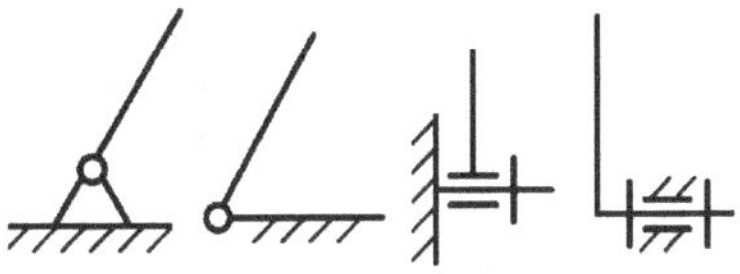
	移动副	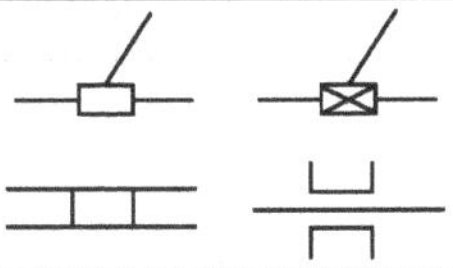	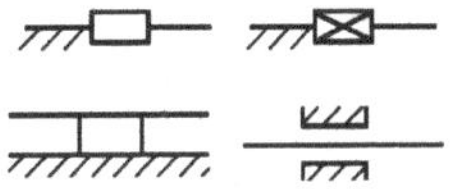
	平面高副		

（2）基本运动的图形符号

机器人的基本运动与现有的各种机械表示也完全相同。常用的基本运动图形符号见表7-3。

表7-3　常用的基本运动图形符号

编号	名称	符号
1	直线运动方向	单向　　双向
2	旋转运动方向	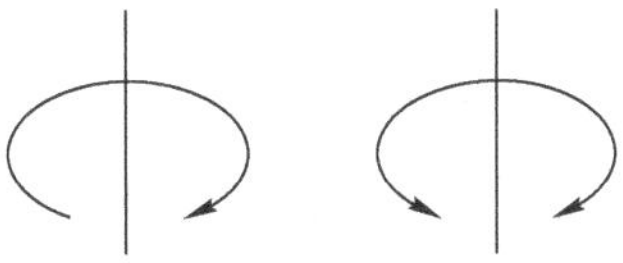 单向　　双向
3	连杆、轴关节的轴	
4	刚性连接	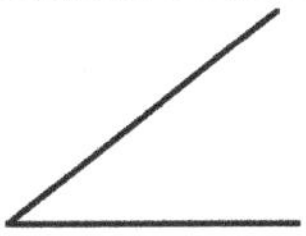
5	固定基础	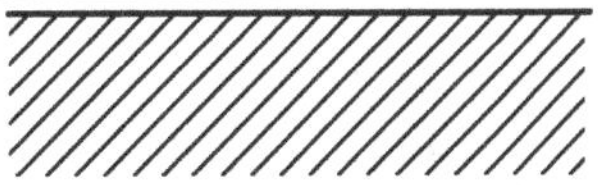
6	机械联锁	

（3）运动机能的图形符号

常用的机器人运动机能图形符号见表 7-4。

表 7-4　常用的机器人运动机能图形符号

编号	名称	图形符号	参考运动方向	备注
1	移动（1）	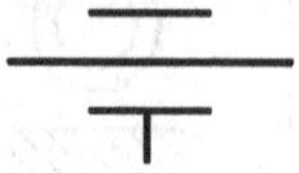	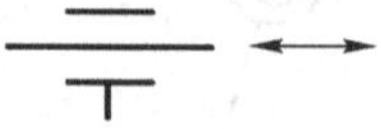	
2	移动（2）	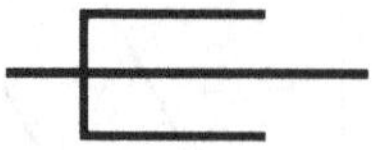		
3	回转机构	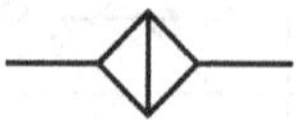		

（4）运动机构的图形符号

常用的机器人运动机构图形符号见表 7-5。

表 7-5　常用的机器人运动机构图形符号

编号	名称	图形符号	参考运动方向	备注
1	旋转（1）	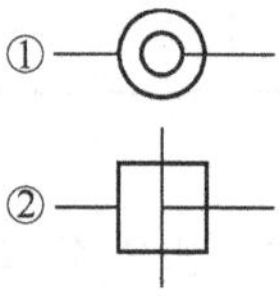 ① ②	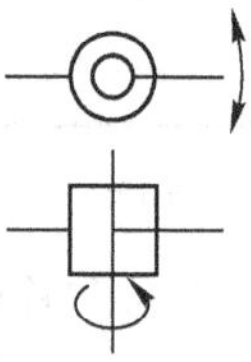	① 表示一般常用的图形符号 ② 表示①的侧向的图形符号
2	旋转（2）	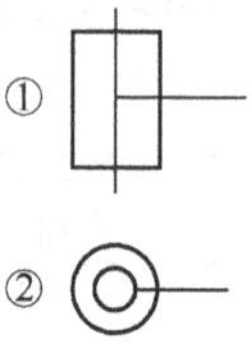 ① ②	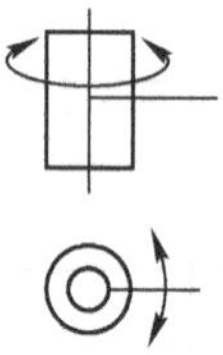	① 表示一般常用的图形符号 ② 表示①的侧向的图形符号
3	差动齿轮	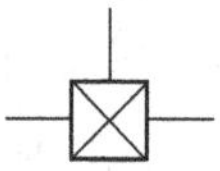	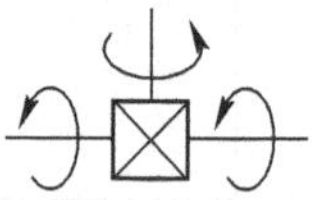	
4	球关节			
5	握持	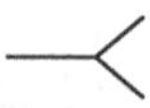	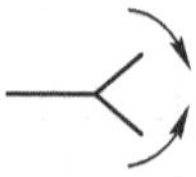	
6	保持	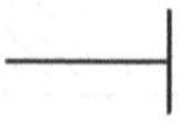		
7	机座	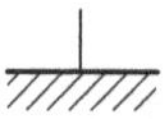		

3. 机器人的图形符号表示

机器人的描述方法可分为机器人机构简图、机器人运动原理图、机器人传动原理图、机器人速度描述方程、机器人位置运动学方程、机器人静力学描述方程等。

（1）四种坐标机器人机构简图

机器人机构简图是描述机器人组成机构的直观图形表达形式，是将机器人的各个运动部件用简便的符号和图形表达出来，可用上述图形符号体系中的文字与图形符号表示。常见的四种坐标机器人机构简图见图7-18。

（2）机器人运动原理图

机器人运动原理图是描述机器人运动的直观图形，是将机器人的运动功能原理用简便的符号和图形表达出来，可用上述图形符号体系中的文字与图形表示。

机器人运动原理图是建立坐标系、运动和动力方程式，设计机器人传动原理图的基础，也是应用机器人、学习使用机器人时最有效的工具。某型号机器人的机构运动示意图和运动原理图如图7-19和图7-20所示。

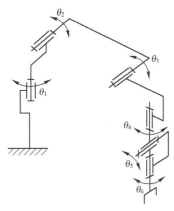

图 7-19 机器人机构运动示意图

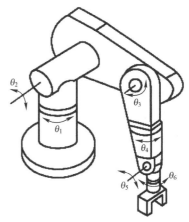

图 7-20 机器人机构运动原理图

（3）机器人传动原理图

将机器人动力源与关节之间的运动及传动关系用简洁的符号表示出来，就是机器人传动原理图，如图 7-21 和图 7-22 所示。机器人传动原理图是机器人传动系统设计的依据，也是理解传动关系的有效工具。

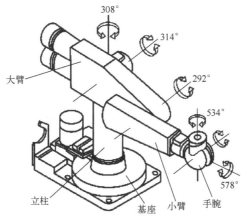

图 7-21 PUMA-262 关节机器人结构简图

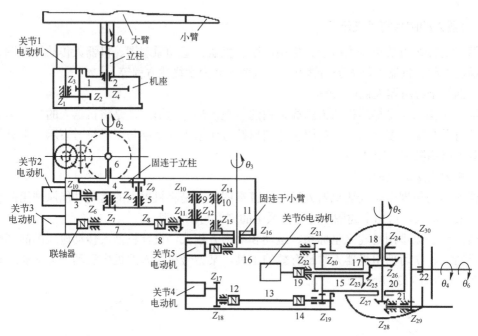

图 7-22　PUMA 机器人传动原理图

4．工业机器人结构

机器人的机械结构系统由手部、腕部、臂部、机身和行走机构等组成。机器人必须有一个便于安装的基础件基座。基座往往与机身做成一体，机身与臂部相连，机身支承臂部，臂部又支承腕部和手部，如图 7-23 所示。

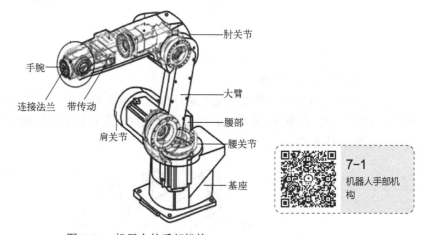

图 7-23　机器人的手部机构

机器人为了能进行作业，必须配置操作机构，这个操作机构称为手部，有时也称为手爪或末端执行器。

人类的手是肢体最灵活的部分，能完成各种各样的动作和任务。同样，机器人的手部也是完成抓握工件或执行特定作业的重要部件，也需要有多种结构。

（1）机器人的手部机构

机器人的手部是装在机器人腕部，直接抓握工件或执行作业的部件。机器人的手部是最重要的执行机构，从功能和形态上看，它可以分为工业机器人的手部和仿人机器人的手部。目前，前者应用较多，也比较成熟。工业机器人的手部是用来握持工件或工具的部件。由于被握持工件的形状、尺寸、重量、材质及表面状态的不同，手部结构也是多种多样。大部分的手部结构都是根据特殊的工件要求而专门设计的。

手部与腕部相连处可拆卸，手部与腕部有机械接口，也可能有电、气、液接口。工业机器人作业对象不同时，可以方便地拆卸和更换手部。

手部是机器人的末端执行器，它可以像人手那样具有手指，也可以没有手指；可以是类似人手的手爪，也可以是进行专业作业的工具，如装在机器人腕部的喷漆枪、焊接工具等。

手部的通用性比较差，机器人手部通常是专用的装置。按手部的用途分类，可以分为手爪和工具两类。如一种手爪往往只能抓握一种或几种形状、尺寸、重量等相近的工件；一种工具只能执行一种作业任务。

1）手爪。手爪具有一定的通用性，它的主要功能是抓住工件、握持工件、释放工件。

抓住：在给定的目标位置上以期望的姿态抓住工件，工件在手爪内必须具有可靠的定位，保持工件与手爪之间准确的相对位姿，并保证机器人后续作业的准确性。

握持：确保工件在搬运过程中或零件在装配过程中定义了位置和姿态的准确性。

释放：在指定点上除去手爪和工件之间的约束关系。

手爪在夹持圆柱工件时，尽管夹紧力足够大，在工件和手爪接触面上有足够的摩擦力来支承工件重量，但是从运动学观点看其约束条件仍不够，不能保证工件在手爪上的准确定位。

2）工具。工具是进行某种作业的专用工具，如喷枪、焊具等，如图 7-24 所示。

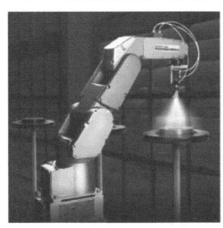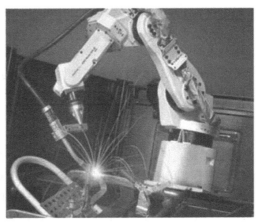

图 7-24　工具

（2）手爪设计和选用的要求

机器人末端手爪工具可采用气缸驱动，如图 7-25 所示。此外，气动手爪工具可抓取工件，送至变位机气动夹具内夹紧，并可夹持其他多种模拟焊接、抛光、绘图工具，用于模拟工业机器人自动化作业。手爪设计和选用最主要是满足功能上的要求，具体来说要在下面几个方面进行调查，提出设计参数和要求。

1）被抓握的对象物。手爪设计和选用首先要考虑的是什么样的工件要被抓握。因此，必须充分了解工件的几何形状、机械特性。

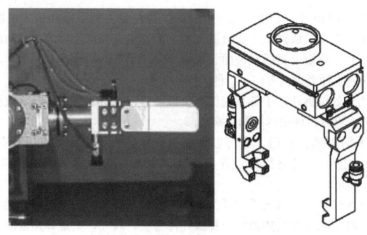

图 7-25　机器人末端手爪工具实例

几何参数包括工件尺寸、可能给予抓握表面的数目、可能给予抓握表面的位置和方向、夹持表面之间的距离和夹持表面的几何形状。

机械特性包括质量、材料、固有稳定性、表面质量和品质、表面状态和工件温度。

2）手爪和机器人匹配情况。手爪一般用法兰式机械接口与手腕相连接，手爪自重增加了机械臂的载荷，这两个问题必须仔细考虑。手爪可以更换，手爪形式可以不同，但是与手腕的机械接口必须相同，这就是接口匹配。手爪自重不能太大，机器人能抓取工件的重量是机器人承载能力减去手爪重量。手爪自重要与机器人承载能力匹配。

3）环境条件要求。在作业区域内的环境状况很重要，如高温、水、油等环境会影响手爪工作。一个锻压机械手要从高温炉内取出红热的锻件必须保证手爪的开合、驱动在高温环境中均能正常工作。

（3）机器人的腕部机构

腕部是连接机器人的小臂与末端执行器之间的结构部件，其作用是利用自身的活动来确定手部的空间姿态，从而确定手部的作业方向。对于一般的机器人，与手部相连接的腕部都具有独立驱动自转的功能，若腕部能朝空间取任意方位，那么与之相连的手部就可在空间取任意姿态，即达到完全灵活。

1）腕部的活动。机器人一般具有六个自由度才能使手部达到目标位置或处于期望的姿态。为了使手部能处于空间任意方位，要求腕部能实现对空间三个坐标轴 X、Y、Z 的旋转运动——腕部旋转、腕部弯曲、腕部侧摆，或称为三个自由度。

腕部旋转：腕部绕小臂轴线的转动，又称臂转。有些机器人限制其腕部转动角度小于 360°，另一些机器人则仅仅受到控制电缆缠绕圈数的限制，腕部可以转几圈。

腕部弯曲：腕部的上下摆动，这种运动也称俯仰，又称手转。

腕部侧摆：机器人腕部的水平摆动，又称腕摆。通常机器人的侧摆运动由一个单独的关节提供。

腕部结构多为上述三个回转方式的组合，组合的方式可以有多种形式，常用的腕部组合的方式有臂转、腕摆、手转结构等。

2）腕部的转动。按腕部转动特点的不同，腕部关节的转动又可细分为翻转和弯转两种。

翻转：组成关节的两个零件自身的几何回转中心和相对运动的回转轴线重合，因而能实现360°无障碍旋转的关节运动，通常用 R 来标记。

弯转：两个零件的几何回转中心和其他对转动轴线垂直的关节运动。由于受结构的限制，其相对转动角度一般小于 360°，通常用 B 来标记。

由此可见，翻转可以实现腕部的旋转，弯转可以实现腕部的弯曲，翻转和弯转的结合就实现了腕部的侧摆。

3）手腕的分类。手腕的自由度如图 7-26 所示。手腕按自由度数目来分类，可分为单自由度手腕、二自由度手腕和三自由度手腕。

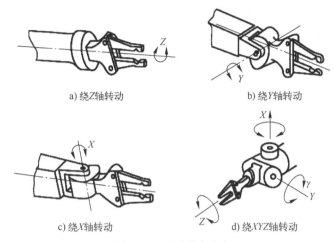

a) 绕Z轴转动   b) 绕Y轴转动

c) 绕X轴转动   d) 绕XYZ轴转动

图 7-26 手腕的自由度

如图 7-27a 所示是一种翻转关节（R 关节），它把手臂纵轴线和手腕关节轴线构成共轴线形式，这种 R 关节旋转角度大，可达到 360° 以上。图 7-27b 是一种弯转关节（B 关节），关节轴线与前后两个连接件的轴线相垂直。这种 B 关节因为受到结构上的干涉，旋转角度小，大大限制了方向角。

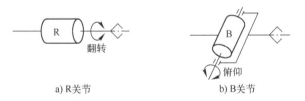

a) R关节   b) B关节

图 7-27 单自由度手腕

二自由度手腕可以由一个 R 关节和一个 B 关节组成 BR 手腕，也可以由两个 B 关节组成 BB 手腕，如图 7-28 所示。但是不能由两个 R 关节组成 RR 手腕，因为两个 R 关节共轴线，所以退化了一个自由度，实际只构成了单自由度手腕。

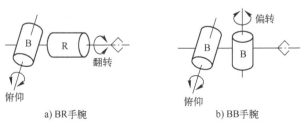

a) BR手腕   b) BB手腕

图 7-28 二自由度手腕

三自由度手腕可以由 B 关节和 R 关节组成多种形式。如图 7-29a 所示为常见的 BBR 手腕，使手部具有俯仰、偏转和翻转运动，即 RPY 运动。如图 7-29b 所示为一个 B 关节和两个 R 关节组成的 BRR 手腕，为了不使自由度退化，使手部获得 RPY 运动，第一个 R 关节必须偏置。如图 7-29c 所示为三个 R 关节组成的 RRR 手腕，它也可以实现手部 RPY 运动。如图 7-29d 所示为 BBB 手腕，很明显它已退化了一个自由度，只有 PY 运动，实际只构成了单自由度手腕。

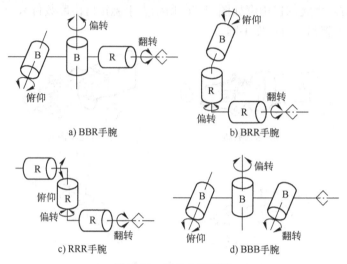

图 7-29　三自由度手腕

为了使手腕结构紧凑，通常把两个 B 关节安装在一个十字接头上，可以大大减小 BBR 手腕的纵向尺寸。

4）手腕的典型结构。手腕除应满足启动和传送过程中所需的输出力矩外，还要求结构简单、紧凑轻巧、避免干涉、传动灵活，多数情况下，要求将腕部结构的驱动部分安装在小臂上，使外形整齐，也可以设法使几个电动机的运动传递到同轴旋转的心轴和多层套筒上去，运动传入腕部后再分别实现各个动作。

（4）机器人的臂部机构

机器人手臂的各种运动通常由驱动机构和各种传动机构来实现。因此，它不仅要承受被抓取工件的重量，而且要承受末端执行器、手腕和手臂自身的重量。

1）机器人手臂的运动与组成。一般来讲，为了让机器人的手爪或末端执行器可以达到任务目标，手臂至少要能够完成三个运动，即垂直移动、径向移动、回转运动。

① 垂直移动。垂直移动是指机器人手臂的上下运动。这种运动通常采用液压缸机构或其他垂直升降机构来完成，也可以通过调整整个机器人机身在垂直方向上的安装位置来实现。

② 径向移动。径向移动是指手臂的伸缩运动。机器人手臂的伸缩使其手臂的工作长度发生变化。在圆柱坐标式结构中，手臂的最大工作长度决定其末端所能达到的圆柱表面直径。

③ 回转运动。回转运动是指机器人沿铅垂轴的转动。这种运动决定了机器人的手臂所能到达的角度位置。

机器人手臂主要包括臂杆及与其伸缩、屈伸或自转等运动有关的构件，如传动机构、驱动装置、导向定位装置、支承连接和位置检测元件等。此外还有与腕部或手臂的运动和连接支承等有关的构件、配管配线等。

根据机器人臂部的运动和布局、驱动方式、传动和导向装置的不同，可分为伸缩型臂部结构、转动伸缩型臂部结构、屈伸型臂部结构和其他专用的机械传动臂部结构。伸缩型臂部结构可由液压缸驱动或由直线电动机驱动；转动伸缩型臂部结构除了臂部做伸缩运动，还绕自身轴线运动，以便使手部旋转。

机身和臂部的配置形式基本上反映了机器人的总体布局。由于机器人的运动要求、工作对象、作业环境和场地等因素的不同，出现了各种不同的配置形式。目前常用的有横梁式、立柱式、基座式、屈伸式四种。

2）机器人手臂机构。机器人手臂由大臂、小臂或多臂组成。手臂的驱动方式主要有液压驱动、气动驱动和电动驱动几种形式，其中电动驱动形式最为常用。

当行程小时，采用气缸直接驱动；当行程较大时，可采用气缸驱动齿条传动的倍增机构或步进电动机及伺服电动机驱动，并通过丝杠螺母来转换为直线运动。为了增加手臂的刚性，防止手臂在伸缩运动时绕轴线转动或产生变形，臂部伸缩机构需设置导向装置，或设计方形、方键等形式的臂杆。

常用的导向装置有单导向杆和双导向杆等，可根据手臂的结构、抓重等因素选取。

臂部俯仰通常采用活塞缸驱动，铰接活塞缸实现手臂俯仰运动的结构示意图如图 7-30 所示。

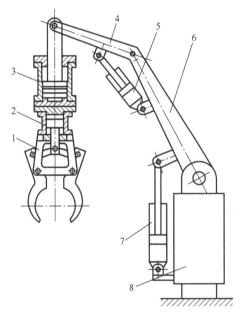

图 7-30　铰接活塞缸实现手臂俯仰运动的结构示意图

1—手臂　2—夹置缸　3—升降缸　4—小臂　5、7—铰接活塞缸　6—大臂　8—立柱

3）机器人手臂的分类。手臂是机器人执行机构中重要的部件，它的作用是支承腕部和手部，并将被抓取的工件运送到给定的位置上。机器人的臂部主要包括臂杆以及与其运动有关的构件，包括传动机构、驱动装置、导向定位装置、支承连接和位置检测元件等。此外，还有与腕部或手臂的运动和连接支承等有关的构件，其结构形式如图 7-31 所示。

一般机器人手臂有三个自由度，即手臂的伸缩、左右回转和升降（或俯仰）运动。手臂的左右回转和升降运动通过基座的立柱实现，立柱的横向移动即为手臂的横移。

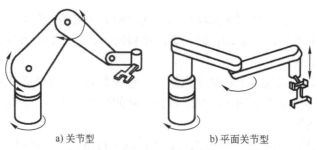

a) 关节型　　　　　　　b) 平面关节型

图 7-31　机器人手臂的结构形式

手臂的结构、工作范围、灵活性以及抓重大小（即臂力）和定位精度都直接影响机器人的工作性能，所以必须根据机器人的抓取重量、运动形式、自由度数、运动速度以及定位精度的要求来设计手臂的结构形式。为实现机器人末端执行器在空间的位置而提供的三个自由度，可以有不同的运动组合，通常可以将其设计成以下五种形式：

① 圆柱坐标型。这种运动形式是通过一个转动两个移动，共三个自由度组成的运动系统，工作空间为圆柱形，与直角坐标型比较，圆柱坐标型在相同的空间条件下，机体所占体积小，而运动范围大。

② 直角坐标型。直角坐标型机器人，其运动部分由三个相互垂直的直线移动组成，工作空间为长方体，在各个轴向的移动距离可在坐标轴上直接读出，直观性强，易于位置和姿态的编程计算，定位精度高，结构简单，但机体所占空间大，灵活性较差。

③ 球坐标型。球坐标型又称极坐标型，它由两个转动和一个直线移动组成，即一个回转、一个俯仰和一个伸缩，其工作空间图形为一球体，可以做上下俯仰动作并能够抓取地面上的东西或较低位置的工件，具有结构紧凑、工作范围大的特点，但是结构比较复杂。

④ 关节型。关节型又称回转坐标型，这种机器人的手臂与人体上肢类似，其前三个自由度都是回转关节，这种机器人一般由回转和大小臂组成，立柱与大臂间形成肘关节，可使大臂做回转运动和俯仰运动，小臂做俯仰摆动，其工作空间的轨迹图形如图 7-31a 所示，特点是工作空间范围大、动作灵活、通用性强，能抓取靠近基座的工件。

⑤ 平面关节型。平面关节型采用两个回转关节和一个移动关节，两个回转关节控制前后、左右运动，而移动关节控制上下运动，其工作空间的轨迹图形如图 7-31b 所示。它的纵截面为一矩形回转体，纵截面高为移动关节的行程长，两回转关节的转角的大小决定了回转体截面的大小、形状。这种机器人在水平方向上有柔顺度，在垂直方向上有较大的刚度，结构简单、动作灵活，多用于装配作业中，特别适合中小规格零件的插接装配，如在电子工业的接插、装配中的应用。

任务工单

任务名称	机器人基础认知	任务成绩	
学生班级		学生姓名	
所用设备		教学地点	
任务描述	随着无人化、智能化、自动化等技术在各行各业中兴起，越来越多的工业机器人开始在生产线投入使用，市场需求呈现出井喷式增长。通过本任务的学习，认识机器人，掌握机器人的结构组成及工作原理，熟练掌握机器人典型故障的排除方法与技能		
目标达成	正确认识机器人 掌握机器人的结构组成 熟知机器人的工作原理 掌握典型故障的排除方法		

（续）

	学习步骤1	机器人的基本知识
任务实施	自测	常用的运动副的类型有哪些  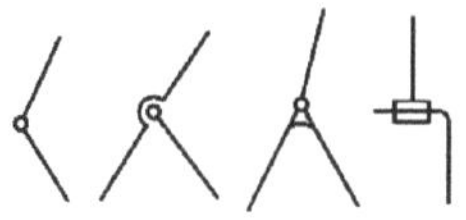 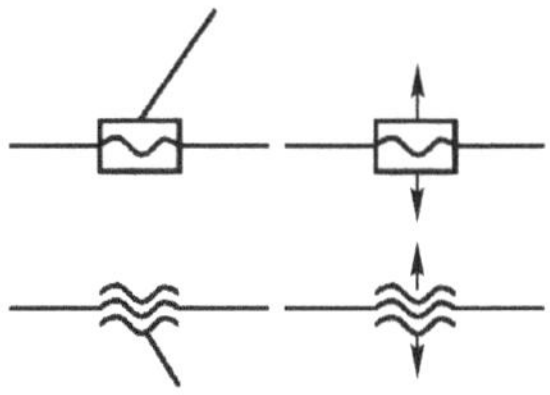 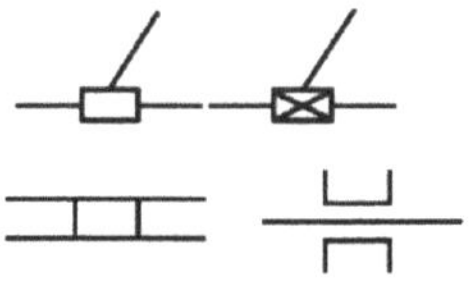 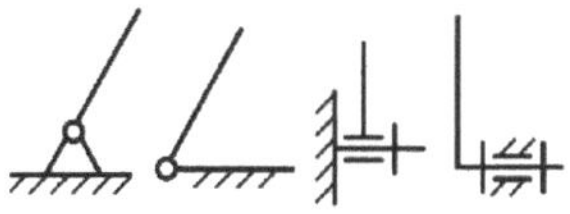 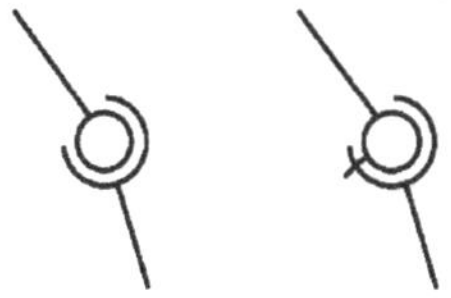 （　　　）　　　　　（　　　） （　　　）　　　　　（　　　） （　　　）　　　　　（　　　）
	学习步骤2	机器人构成和硬件结构组成。通过多媒体手段结合实验实训设备，讲解机器人的结构组成
	自测	机器人的机构简图有哪几种？分别如何表示 工业机器人手爪设计和选用的要求有哪些？
	学习步骤3	工业机器人工作过程。通过多媒体手段结合实验实训设备，讲解工业机器人的工作过程
	自测	简述机器人的行走机构的工作过程
	学习步骤4	典型故障与排除方法
	典型故障描述 工业机器人启动故障 典型故障的排除方法 查阅工业机器人设备故障手册，对故障原因做出判断 借助硬件诊断工具，如万用表 观察工业机器人所使用的一些主要部件，如报警指示灯、控制面板、触摸屏等，观察当前的工作状态及报警信息	
任务评价	1）自我评价与学习总结	
	2）任课教师评价成绩	

能力拓展——认识机器人的行走机构

行走机构是行走机器人的重要执行部件，它由驱动装置、传动装置、传动机构、位置检测元件、传感器、电缆及管路等组成。它一方面支承机器人的机身、臂部和手部，另一方面还根据工作任务的要求，带动机器人实现在更广阔的空间内的运动。

行走机构按其行走移动可分为固定轨迹式和无固定轨迹式。固定轨迹式行走机构主要用于工业机器人。无固定轨迹式行走机构按其特点可分为车轮式、履带式和步行式。在行走过程中，前两种行走机构与地面连续接触，其形态为运行车式，应用较多，一般用于野外、较大型作业场合，也比较成熟；第三种与地面为间断接触，为动物的腿脚式，该类机构正在发展和完善中。以下分别介绍各行走机构的特点。

1. 车轮式行走机构

车轮式行走机构具有移动平稳、能耗小以及容易控制移动速度和方向等优点，因此得到了普遍的应用，但这些优点只有在平坦的地面上才能发挥出来。目前应用的车轮式行走机构主要为三轮式或四轮式。

三轮式行走机构具有最基本的稳定性，其主要问题是如何实现移动方向的控制。典型车轮的配置方法是一个前轮、两个后轮，前轮作为操纵舵，用来改变方向，后轮用来驱动；另一种是用后两轮独立驱动，另一个轮仅起支承作用，并靠两轮的转速差或转向来改变移动方向，从而实现整体灵活的、小范围的移动。不过，要做较长距离的直线移动时，两驱动轮的直径差会影响前进的方向。

在四轮式行走机构中，自位轮可沿其回转轴回转，直至转到要求的方向上为止，这期间驱动轮产生滑动，因而很难求出正确的移动量。另外，用转向机构改变运动方向时，在静止状态下行走机构会产生很大的阻力。

2. 履带式行走机构

履带式行走机构的特点很突出，采用该类行走机构的机器人可以在凸凹不平的地面上行走，也可以跨越障碍物、爬不太高的台阶等。一般类似于坦克的履带式机器人，由于没有自位轮和转向机构，要转弯时只能靠左、右两个履带的速度差，所以，不仅在横向，而且在前进方向上也会产生滑动，转弯阻力大，不能准确地确定回转半径。

图 7-32a 为主体前、后装有转向器的双重履带式机器人，具有提起机构，可以使转向器绕着图中的 *A-A* 轴旋转，这使得机器人上、下台阶非常顺利，能实现诸如用折叠方式向高处伸臂、在斜面上保持主体水平等。

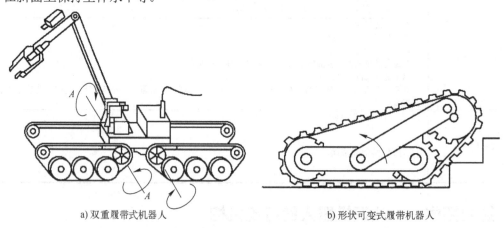

a) 双重履带式机器人　　　　　　　　b) 形状可变式履带机器人

图 7-32　容易上、下台阶的履带式机器人

图 7-32b 机器人的履带形状可为适应台阶形状而改变，也比一般履带式机器人的动作更为自如。

3．步行式行走机构

类似于动物行走，利用脚部关节机构、用步行方式实现移动的机构，称为步行式行走机构，简称步行机构，如图 7-33 所示。采用步行机构的步行机器人，能够在凹凸不平的地上行走、跨越沟壑，还可以上、下台阶，因而具有广泛的适应性。但步行机构控制上有相当的难度，完全实现上述要求的实际产品很少。步行机构有两足、三足、四足、六足、八足等形式，其中两足步行机构具有最好的适应性，也最接近人类，故又称为类人双足行走机构。如图 7-33 所示。

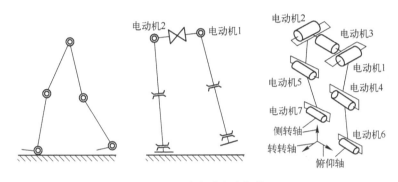

图 7-33　步行式行走机构

4．其他行走机构

除了上述三种行走机构，为了达到特殊的目的，人们还研制了各种各样的移动机器人行走机构。图 7-34 为爬壁机器人行走机构。图 7-34a 为吸盘式行走机构，即用吸盘交互地吸附在壁面上来移动。图 7-34b 机构的滚子是磁铁，适用于壁面是磁体的场合。图 7-35 为车轮和脚并用的机器人，脚端装有球形转动体。除了普通行走之外，该机器人还可以在管内把脚向上方伸，用管断面上的三个点支承来移动，也可以骑在管子上沿轴向或圆周方向移动。此外，还有次摆线机构推进移动车，用辐条突出的三轮车登台阶的轮椅机构，用压电晶体、形状记忆合金驱动的移动机构等。

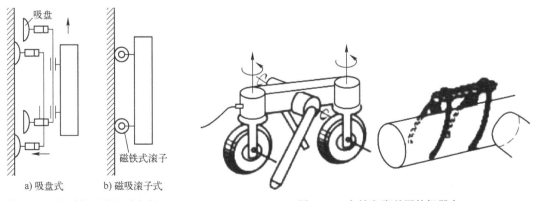

图 7-34　爬壁机器人行走机构　　　　　图 7-35　车轮和脚并用的机器人

巩固训练

1. 比较各行走机构的特点，填表 7-6。

表 7-6　各行走机构的特点

机构名称	平稳性	能耗	移动速度	方向性
车轮式行走机构				
履带式行走机构				
步行式行走机构				

2. 手臂运动的方式有哪些？如何实现？

3. 机器人的行走机构有哪几种类型？各自的特点是什么？

4. 简述机器人系统中的四种变换关系及实现方式。

5. 机器人的手腕有几种？试述每种手腕结构。

6. 机器人参数坐标系有哪些？各参数坐标系有何作用？

任务 7.3　CCD 图像传感器认知

工作任务

1. 工作任务描述

认识 CCD 图像传感器，并掌握 CCD 图像传感器的结构组成及工作原理。

2. 学习目标

1）能力目标：正确认识 CCD 图像传感器，能将其正确运用在产品的输送线控制单元。

2）知识目标：了解并掌握 CCD 图像传感器的结构及工作原理、应用场合。

3）素质目标：培养仔细做事、独立思考的职业素养，培养正确表达自己思想的能力。

3. 教学组织设计

1）学生角色：操作者。

2）教学情境：企业生产部、设备维护部。

3）教学材料：学习参考材料、安全操作规范。

4. 教学过程

1）任务导入。

2）必备知识：安全操作规范。

3）技能训练：CCD 图像传感器种类辨别和结构组成认知。

4）成果交流：小组讨论、交流。

5）教师点评：各组改进、作业。

知识储备——CCD 图像传感器认知

1. 概述

（1）CCD 的概念

CCD（Charge Coupled Device）全称为电荷耦合器件，是 20 世纪 70 年代发展起来的新型半导体器件。它是在 MOS 集成电路技术基础上发展起来的，为半导体技术应用开拓了新的领域。它具有光电转换、信息存储和传输等功能，具有集成度高、功耗小、结构简单、寿命长、性能稳定等优点，故在固体图像传感器、信息存储和处理等方面得到了广泛应用。CCD 图像传感器能实现信息的获取、转换和视觉功能的扩展，能给出直观、真实、多层次的内容丰富的可视图像信息，广泛应用于军事、天文、医疗、广播、电视、传真通信以及工业检测和自动控制系统。实验室用的数码相机、光学多道分析器等仪器，都使用 CCD 作为图像探测元件。如图 7-36 所示为 CCD。

7-2
CCD 图像识别

图 7-36　CCD

一个完整的 CCD 器件由光敏单元、转移栅、移位寄存器及一些辅助输入、输出电路组成。CCD 工作时，在设定的积分时间内由光敏单元对光信号进行采样，将光的强弱转换为各光敏单元的电荷多少。采样结束后各光敏单元电荷由转移栅转移到移位寄存器的相应单元中。移位寄存器在驱动时钟的作用下，将信号电荷顺次转移到输出端。将输出信号接到示波器、图像显示器或其他信号存储、处理设备中，就可以对信号再现或进行存储处理。由于 CCD 光敏单元可做得很小（约 $10\mu m$），所以它的图像分辨率很高。

（2）CCD 图像传感器的发展历史和现状

美国是世界上最早开展 CCD 研究的国家，也是目前为该项研究投入人力、物力、财力最多的国家，并在 CCD 应用研究领域一直保持领先的地位。贝尔实验室是 CCD 研究的发源地，在 CCD 图像传感器及电荷域信号处理方面的研究保持优势。麻省理工学院林肯实验室、美国宇航局喷气推进研究室、罗姆航空发展中心以及 SRI David Sarnoff 研究中心在 CCD 及其应用等方面的研究保持着雄厚的实力，并形成了具有较大规模的实验研究中心。此外，还有美国无线电公司、通用电气公司、福特航空公司及 EG&G 公司等。在 CCD 图像传感器和应用电视技术方面，美国以高清晰度、特大靶面、低照度、超高动态范围、红外波段等的 CCD 摄像机占有绝对优势。

日本是目前世界上 CCD 的生产大国，在民用消费型光电产品的开发和生产上堪称世界第一位，尤其是 CCD 摄像机、摄录一体化和广播数字化电视摄录设备基本上包揽了全世界的大部分市场。日本的 CCD 技术起步较晚，但发展极快，特别是日本的彩色 CCD 摄像机具有极强的竞争力。索尼公司在 1979 年用三片 242（H）×242（V）像素高密度隔列转移 CCD 图像传感器首先实现了 R、G、B 分路彩色摄像机。1980 年，日立公司首先推出单片彩色 CCD 摄像机。1998 年，日本采用拼接技术成功开发了 16384×12288 像素即（4096×3072）×4 像素的 CCD 图像传感器。由于日本的新产品更新换代速度很快，所以无论产品的产量还是质量都占据世界首位。

法国也是开展 CCD 技术研究较早的国家之一，汤姆逊公司（Thomson）和是世界上生产和开发 CCD 产品的著名厂家。

此外，英国电子阀门公司（EEV）、英国通用电气公司（GEC）和荷兰皇家飞利浦在 CCD 技术的研究开发上也很著名。

我国的 CCD 研制工作起步比较晚，目前落后于日欧美等先进国家。我国自行研制的第一代普通线型 CCD（光敏元为 MOS 结构）和第二代对蓝光响应特性好的（光敏元为光电二极管阵列）CCPD 已形成系列产品；面阵 CCD 也基本上形成了系列化产品。除可见光 CCD 外，国内目前还研制出了硅化铂肖特基势垒红外 CCD。目前国内正在研制和开发的 CCD 有 512×512 像素 X 射线 CCD、512×512 像素光纤面板耦合 CCD 像敏器件、512×512 像素帧转移可见光 CCD、1024×1024 像素紫外 CCD、1024 像素 X 射线 CCD、微光 CCD 和多光谱红外 CCD 等。但目前国内 CCD 器件的研究进展尚不够迅速，与国际先进水平相比差距很大。

2. CCD 的结构及工作原理

（1）CCD 的 MOS 结构及存储电荷原理

CCD 的结构如图 7-37a 所示。CCD 的基本单元是 MOS 电容器，这种电容器能存储电荷。以 P 型硅为例，在 P 型硅衬底上通过氧化在表面形成 SiO_2 层，然后在 SiO_2 上淀积一层金属为栅极，P 型硅里的多数载流子是带正电荷的空穴，少数载流子是带负电荷的电子，当金属电极上施加正电压时，其电场能够穿过 SiO_2 绝缘层对这些载流子进行排斥或吸引。于是带正电的空穴被排斥到远离电极处，剩下带负电的少数载流子在紧靠 SiO_2 层形成负电荷层（耗尽层），电子一旦进入，由于电场作用就不能复出，故又称为电子势阱。

当器件受到光照时（光可从各电极的缝隙间经 SiO_2 层射入，或经衬底的薄 P 型硅射入），光子的能量被半导体吸收，产生电子-空穴对，这时出现的电子被吸引存储在势阱中，这些电子是可以传导的。光越强，势阱中收集的电子越多，光弱则反之，这样就把光的强弱变成电荷的数量，实现了光与电的转换，而势阱中收集的电子处于存储状态，即使停止光照一定时间内也不会损失，这就实现了对光照的记忆。如图 7-37b 所示。

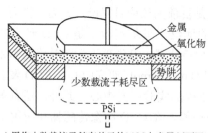
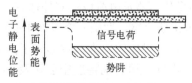

a) 用作少数载流子储存单元的MOS电容器剖面图　　b) 有信号电荷的势阱（图中用阱底的液体表示信号电荷）

图 7-37　CCD 的结构和工作原理

总之，上述结构实质上是个微小的 MOS 电容，用它构成像素，既可感光又可留下潜影，感光作用是靠光强产生的电子电荷积累，潜影是各个像素留在各个电容里的电荷不等而形成的，若能设法把各个电容里的电荷依次传送到输出端，再组成行和帧，并经过显影就能实现图像的传递。

（2）电荷的转移与传输

CCD 的移位寄存器是一列排列紧密的 MOS 电容器，它的表面由不透光的铝层覆盖，以实现光屏蔽。由上述讨论可知，MOS 电容器上的电压越高，产生的势阱越深，当外加电压一定时，势阱深度随阱中的电荷量增加而线性减小。利用这一特性，可通过控制相邻 MOS 电容器栅极电压高低来调节势阱深浅。制造时将 MOS 电容紧密排列，使相邻的 MOS 电容势阱相互"沟通"。认为相邻 MOS 电容两电极之间的间隙足够小（目前工艺可做到 0.2μm），在信号电荷自感电场的库仑力推动下，可使信号电荷由浅处流向深处，从而实现信号电荷转移。

为了保证信号电荷按确定路线转移，通常 MOS 电容阵列栅极上所加电压脉冲为严格满足相位要求的两相、三相或四相系统的时钟脉冲。

（3）两相 CCD 传输原理

CCD 中的电荷定向转移是靠势阱的非对称性实现的。在三相 CCD 中是靠时钟脉冲的时序控制来形成非对称势阱，但采用不对称的电极结构也可以引进不对称势势阱，从而变成两相驱动的 CCD。目前实用 CCD 中多采用两相结构实现两相驱动的方案有阶梯氧化层电极。阶梯氧化层电极结构如图 7-38 所示。此结构中将一个电极分成两部分，其左边部分电极下的氧化层比右边的厚，则在同一电压下，左边电极下的位阱浅，自动起到了阻挡信号倒流的作用。采用势垒注入区形成两相结构如图 7-39 所示。

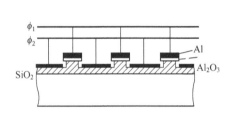

图 7-38　采用阶梯氧化层电极形成两相结构　　图 7-39　采用势垒注入区形成两相结构

对于给定的栅压，位阱深度是掺杂浓度的函数。掺杂浓度高，则位阱浅。采用离子注入技术使转移电极前沿下衬底浓度高于别处，则该处位阱就较浅，任何电荷包都将只向位阱的后沿方向移动。

（4）信号电荷读出方法

CCD 的信号电荷读出方法有两种，即输出二极管电流法和浮置栅 MOS 放大器电压法。图 7-40a 为在线列阵末端衬底上扩散形成输出二极管，当二极管加反向偏置时，在 PN 结区产生耗尽层。当信号电荷通过输出栅 OG 转移到二极管耗尽区时，将作为二极管的少数载流子形成反向电流输出。输出电流的大小与信息电荷大小成正比，并通过负载电阻 R_L 变为信号电压 U_o 输出。

图 7-40b 为一种浮置栅 MOS 放大器读取信息电荷的方法。MOS 放大器实际是一个源极跟随器，其栅极由浮置扩散结收集到的信号电荷控制，所以源极输出随信号电荷变化。为了接收

下一个"电荷包"的到来，必须将浮置栅的电压恢复到初始状态，故在 MOS 输出管栅极上加一个 MOS 复位管。在复位管栅极上加复位脉冲ϕ_R，使复位管开启，将信号电荷抽走，使浮置扩散结复位。

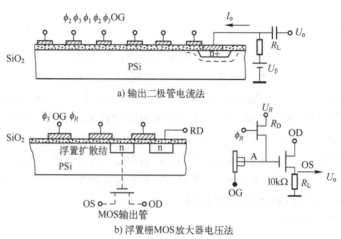

a) 输出二极管电流法

b) 浮置栅MOS放大器电压法

图 7-40　信号电荷读出方法

📑 任务工单

任务名称	CCD 图像传感器认知	任务成绩	
学生班级		学生姓名	
所用设备		教学地点	
任务描述	CCD 图像传感器是一种高精度的检测传感器，其应用已渗透到工业生产的各部门，尤其在精细加工、机器人技术、工业自动化领域中有着广泛的应用，为我国国民经济的发展起了重大作用。随着 CCD 图像传感器制作技术的提高及图像处理软件的进一步发展，其应用前景将更为广阔。通过本任务的学习，了解 CCD 图像传感器，认识 CCD 图像传感器，熟练掌握 CCD 图像传感器典型故障的排除方法与技能		
目标达成	1）正确认识 CCD 图像传感器 2）掌握 CCD 图像传感器的结构组成 3）熟知 CCD 图像传感器的工作原理 4）掌握 CCD 图像传感器典型故障的排除方法		
任务实施	学习步骤1	CCD 图像传感器的总体介绍、特点，发展历程和应用场合	
	自测	以下哪一幅图片不是 CCD 器件 a)　　　　　　b) c)　　　　　　d)	

（续）

	学习步骤1	CCD图像传感器的总体介绍、特点，发展历程和应用场合
任务实施	自测	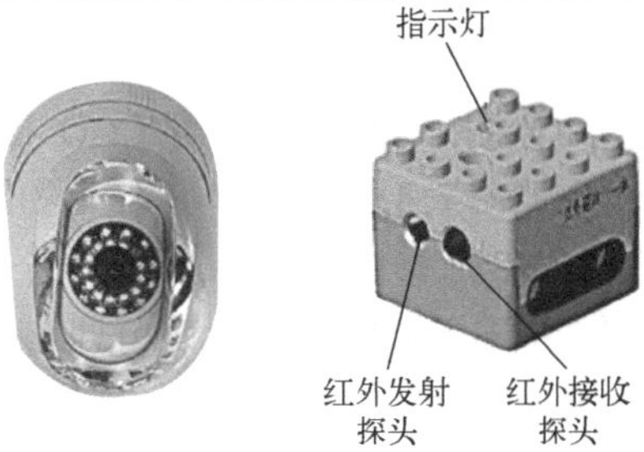 指示灯 红外发射 探头　红外接收 探头 e)　　　　f)
	学习步骤2	CCD图像传感器的结构及储存电荷的原理。通过多媒体手段结合实验实训设备，讲解CCD图像传感器结构组成，CCD储存电荷的原理
	自测	CCD传感器系统结构包含哪几部分 CCD传感器电荷转移与传输的过程是什么
	学习步骤3	学习并了解两相CCD图像的传输原理及三相CCD的传输原理
	自测	1）两相CCD图像传输的原理是什么 2）三相CCD图像传输的原理是什么
	学习步骤4	CCD图像传感器的典型故障与排除方法
		1）典型故障描述 2）CCD图像识别的故障排除 3）典型故障排除方法 查阅CCD图像设备故障手册，对故障原因做出判断 借助硬件诊断工具，如万用表 观察CCD使用的一些主要部件，如报警指示灯、控制面板、触摸屏等，观察当前的工作状态及报警信息
任务评价		1）自我评价与学习总结 2）任课教师评价成绩

能力拓展——CCD 在汽车前照灯配光测试中的应用

1. CCD 在汽车前照灯配光测试中的应用

汽车前照灯配光测试系统由工业用 CCD 摄像机、图像处理卡、监视器、微型计算机及打印机构成，其结构框图如图 7-41 所示。本系统中的图像处理卡具有实时同步捕捉、快速 A/D 转换和采集存储等功能，如 VC32 彩色图像卡，具有 4 个图像帧存储器、（512×512×8）位的存储容量，以满足测量要求。摄像机采用彩色摄像机，最低照度为 0.1lx，水平清晰度为 320×410TVL。图像处理卡接收由 CCD 摄像机采集的汽车前照灯投射在幕布上的图像视频信号，经图像处理卡的 A/D 转换电路转换成数字信号，数字信号值的大小对应于前照灯光线的强弱，并存储在帧存储器中，由显示逻辑将数字信号转换成视频信号输出到监视器显示，通过软件访问帧存储器并进行各种数据处理，结果可通过打印机输出。软件由数据采集与计算模块、数据动态修正模块、图像处理模块和测量结果输出模块子程序组成。数据采集与计算模块是对图像视频信号进行采集，并将数据存储于帧存储器中；对采集的数据进行处理，并对指定数据进行计算。数据动态修正模块自动对数据进行修正。图像处理模块可实现车灯图像监视器显示。测量结果输出模块将测量结果通过显示器显示的同时，可通过打印机打印。

图 7-41　CCD 汽车前照灯配光测试系统结构框图

2. CCD 在光电精密测径系统中的应用

光电精密测径系统采用新型的光电器件——CCD 图像传感器检测技术，可以对工件进行高精度的自动检测，可用数字显示测量结果，并对不合格工件进行自动筛选，其测量精度可达±0.003mm。光电精密测径系统主要由 CCD 图像传感器、测量电路系统和光学系统组成，其结构框图如图 7-42 所示。

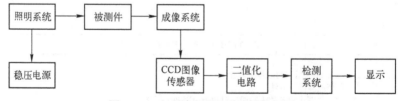

图 7-42　光电精密测径系统结构框图

 巩固训练

1. 比较 CCD 图像传感器与 CMOS 图像传感器的优劣，填表 7-7。

表 7-7　CCD 与 CMOS 的优劣比较

对比项	CCD	CMOS
ISO 感光度		
硬件成本		

（续）

对比项	CCD	CMOS
解析度		
噪点		
耗电量		

2．CCD 的信号电荷读出方法有哪两种？

3．CCD 的 MOS 结构及存储电荷原理是什么？

4．简述 CCD 图像传感器的光谱特性。

5．CMOS 图像传感器的组成包括哪些？各部分作用是什么？

项目八　光学尺寸检测

任务 8.1　机械手的认知

工作任务

1．工作任务描述

认识机械手，掌握机械手的结构组成和驱动原理。

2．学习目标

1）能力目标：认识机械手，了解机械手的各结构组成。

2）知识目标：了解机械手的应用场合，掌握其驱动原理。

3）素质目标：培养态度认真、独立思考的职业素养，培养精益求精的工匠精神。

3．教学组织设计

1）学生角色：操作者。

2）教学情境：企业生产部、设备维护部。

3）教学材料：学习参考材料、安全操作规范。

4．教学过程

1）任务导入。

2）必备知识：安全操作规范。

3）技能训练：三轴机械手的结构和操作。

4）成果交流：小组讨论、交流。

5）教师点评：各组改进、作业。

知识储备——机械手的基础认知

1．机械手的发展历史

工业机械手的设计制造首先从美国开始，日本比美国晚近 10 年，欧洲，特别是北欧各国也比较重视工业机械手的研制和应用，其中以瑞典和挪威技术水平较高，产量较大。

1958 年，美国联合控制公司首先开始研制工业机械手，1962 年制造了"万能自动"机械手。1963—1970 年，美国万能自动化公司制造了工业机械手供用户进行工业试验。1968—1970 年，工业机械手在美国进入了应用阶段。如美国通用汽车公司 1968 年订购了 68 台工业机械手；1969 年该公司自行研制出 SAM 型工业机械手，并用 21 台 SAM 型工业机械手组成了电焊小汽车车身的生产自动线。1970—1972 年，工业机械手在美国处于技术发展阶段。1970 年在伊利诺伊工学院研究所召开了第一届美国工业机械手会议。

约从 1967 年开始，日本和北欧多国从美国引进工业机械手技术，并得到了发展。

2. 机械手的结构组成

机械手主要由手部、运动机构和控制系统三大部分组成。手部是用来抓持工件（或工具）的部件，根据被抓持物件的形状、尺寸、重量、材料和作业要求而有多种结构形式，如夹持型、托持型和吸附型等。运动机构使手部完成各种转动（摆动）、移动或复合运动来实现规定的动作、改变被抓持物件的位置和姿势。运动机构的升降、伸缩、旋转等独立运动方式，称为机械手的自由度。为了抓取空间中任意位置和方位的物体，需有 6 个自由度。自由度是机械手设计的关键，自由度越多，机械手的灵活性越大，通用性越广，其结构也越复杂。

机械手具有以下优点：

1）动作稳定，搬运准确性较高。

2）定位准确，保证批量一致性。

3）能够在危险、恶劣的环境中工作，能够改善工人的劳动条件。

4）生产柔性高、适应性强，可实现多形状、不规则物料的搬运。

5）能够部分代替人工操作，且可以进行长期重载作业，生产效率高。

基于以上优点，机械手广泛应用于机床上下料、压力机自动化生产线、自动装配流水线、集装箱搬运等场合，如图 8-1、图 8-2 所示。

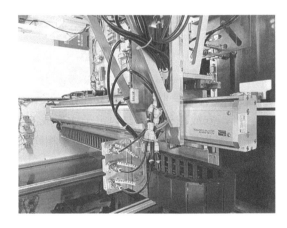

图 8-1　智能生产线机械手侧面图

图 8-2　智能生产线机械手正面图

3. 机械手（搬运机器人）的分类

机械手是可以进行自动搬运作业的搬运机器人，搬运时其末端执行器夹持工件，将工件从一个加工位置移动至另一个加工位置。按结构形式不同，搬运机器人可分为直角式搬运机器人、关节式搬运机器人和并联式搬运机器人。

（1）直角式搬运机器人

直角式搬运机器人主要由 X 轴、Y 轴和 Z 轴组成。多数采用模块化结构，可根据负载的位置、大小等选择对应直线运动单元及组合结构形式。如果在移动轴上添加旋转轴就成为四轴或五轴搬运机器人。此类机器人具有较高的强度和稳定性，负载能力大，可以搬运大物流、重吨位物件，且编程操作简单，广泛应用于生产线转运、机床上下料等大批量生产过程。

（2）关节式搬运机器人

在目前工业中应用最广泛的是关节式搬运机器人，具有结构紧凑等优点。

4. 机械手的驱动

机械手由伺服电动机驱动。伺服电动机在自控系统中常被用作执行元件，即将输入的电信号转换为转轴上的机械传动，一般分为交流伺服电动机与直流伺服电动机。

（1）交流伺服电动机的结构

交流伺服电动机的结构与两相异步电动机相同。它的定子铁心上放置着空间位置相差 90°电角度的两相分布绕组，一相称为励磁绕组，另一相则为控制绕组。两相绕组通电时，必须保持频率相同，实物连接如图 8-3 所示。

图 8-3　实物连接图

转子采用笼型转子。为了实现快速响应，其笼型转子比普通异步电动机的转子细而长，以减小它的转动惯量。有时笼型转子还做成非磁性薄壁杯形，安放在外定子与内定子所形成的气隙中。杯形转子可以看作由无数导条并联而成的笼型转子，因此，其工作原理与笼型转子相同。

（2）交流伺服电动机的控制方法

改变交流伺服电动机控制电压的大小或改变控制电压与励磁电压之间的相位角，都能使电动机气隙中的正转磁场与反转磁场及合成转矩发生变化，从而达到改变伺服电动机转速的目的。

交流伺服电动机的控制方式有以下三种：

1）幅值控制。这种控制方式是通过调节控制电压的大小来调节电动机的转速，而控制电压与励磁电压的相位差保持 90° 电角度不变。当控制电压为 0 时，电动机停转。

2）相位控制。这种控制方式是通过调节控制电压的相位（即调节控制电压与励磁电压之间的相位角 β）来改变电动机的转速，而控制电压的幅值始终保持不变。当 $\beta=0$ 时，电动机停转。

3）幅相控制。幅相控制也称电容移相控制。这种控制方式是将励磁绕组串联电容 C 后接到励磁电源上。这种方法既可以通过可变电容 C 来改变控制电压和励磁电压间的相位角 β，同时又可以通过改变控制电压的大小来共同达到调速的目的。虽然幅相控制的机械特性及调节特性的线性度不如上述两种方法，但它不需要复杂的移相装置，设备简单、成本低，所以它已成为自控系统中常用的一种控制方式。

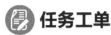 **任务工单**

任务名称		机械手的认知	任务成绩	
学生班级			学生姓名	
所用设备			教学地点	
任务描述		笔记本底盖板（工件）到达指定位置，机械手抓取工件，并放入合适位置。通过本任务的学习，了解机械手的结构和工作原理，掌握机械手抓取工件的工作过程		
目标达成		1）明确机械手的组成结构 2）掌握机械手动作的工作原理 3）掌握机械手抓取的动作过程控制		
任务实施	学习步骤1	机械手的组成结构		
	自测	三轴机械手由哪几部分构成		
	学习步骤2	机械手的工作原理		
	自测	机械手动作的信号来源及驱动方式		
	学习步骤3	机械手的动作过程控制		
	1）机械手的动作流程 2）机械手动作的操作控制 按照任务要求，控制机械手准确执行相应动作			
任务评价		1）自我评价与学习总结 2）任课教师评价成绩		

 能力拓展——机械手动作组态监控

1. MCGS 嵌入版概述

MCGS 嵌入版是在 MCGS 通用版的基础上开发的，是专门应用于嵌入式计算机监控系统的组态软件。MCGS 嵌入版包括组态环境和运行环境两部分，组态环境能够在各种 32 位 Windows 平台上运行，运行环境则是在实时多任务嵌入式操作系统 Windows CE 中运行。MCGS 嵌入版适应于应用系统对功能、可靠性、成本、体积、功耗等综合性能有严格要求的专用计算机系统，通过对现场数据的采集处理，以动画显示、报警处理、流程控制和报表输出等多种方式向用户提供解决实际工程问题的方案，在自动化领域有着广泛的应用。此外 MCGS 嵌入版还带有一个模拟运行环境，用于对组态后的工程进行模拟测试，方便用户对组态过程的调试。

2. MCGS 嵌入版组态软件的主要功能

1）简单灵活的可视化操作界面。MCGS 嵌入版采用全中文、可视化、面向窗口的开发界面，符合用户的使用习惯和要求。以窗口为单位，构造用户运行系统的图形界面，使得 MCGS 嵌入版的组态工作既简单直观，又灵活多变。

2）实时性强、有良好的并行处理性能。MCGS 嵌入版是真正的 32 位系统，充分利用了 32 位 Windows CE 操作平台的多任务、按优先级分时操作的功能，以线程为单位对在工程作业中实时性强的关键任务和实时性不强的非关键任务进行分时并行处理，使嵌入式 PC 广泛应用于工程测控领域成为可能。如 MCGS 嵌入版在进行数据采集、设备驱动和异常处理等关键任务时，可在主机运行周期时间内插空进行类似打印数据的非关键性工作，实现并行处理。

3）丰富、生动的多媒体画面。MCGS 嵌入版以图像、图符、报表、曲线等多种形式，为操作员及时提供系统运行中的状态、品质及异常报警等相关信息；用大小变化、颜色改变、明暗闪烁、移动翻转等多种手段，增强画面的动态显示效果；对图元、图符对象定义相应的状态属性，实现动画效果。MCGS 嵌入版还为用户提供了丰富的动画构件，每个动画构件都对应一个特定的动画功能。

4）完善的安全机制。MCGS 嵌入版提供了良好的安全机制，可以为多个不同级别用户设定不同的操作权限。此外，MCGS 嵌入版还提供了工程密码功能，以保护组态开发者的成果。

5）强大的网络功能。MCGS 嵌入版具有强大的网络通信功能，支持串口通信、Modem 串口通信、以太网 TCP/IP 通信，不仅可以方便快捷地实现远程数据传输，还可以与网络版相结合，通过 Web 浏览功能在整个企业范围内浏览监测所有生产信息，实现设备管理和企业管理的集成。

6）多样化的报警功能。MCGS 嵌入版提供多种不同的报警方式，具有丰富的报警类型，方便用户进行报警设置，并且系统能够实时显示报警信息，对报警数据进行应答，为工业现场安全可靠地生产运行提供有力的保障。

7）实时数据库为用户分步组态提供极大方便。MCGS 嵌入版由主控窗口、设备窗口、用户窗口、实时数据库和运行策略五部分构成，其中实时数据库是一个数据处理中心，是系统各个部分及其各种功能性构件的公用数据区，是整个系统的核心。各个部件独立地向实时数据库输入和输出数据，并完成自己的差错控制。在生成用户应用系统时，每一部分均可分别进行组态配置，独立建造，互不相干。

8）支持多种硬件设备，实现设备无关。MCGS 嵌入版针对外部设备的特征，设立设备工具箱，定义多种设备构件，建立系统与外部设备的连接关系，赋予相关的属性，实现对外部设备的驱动和控制。用户在设备工具箱中可方便地选择各种设备构件。不同的设备对应不同的构件，所有的设备构件均通过实时数据库建立联系，而建立时又是相互独立的，即对某一构件的操作或改动，不影响其他构件和整个系统的结构。因此，MCGS 嵌入版是一个设备无关的系统，用户不必担心因外部设备的局部改动，而影响整个系统。

9）方便控制复杂的运行流程。MCGS 嵌入版开辟了运行策略窗口，用户可以选用系统提供的各种条件和功能的策略构件，用图形化的方法和简单的类 Basic 语言构造多分支的应用程序，按照设定的条件和顺序，操作外部设备，控制窗口的打开或关闭，与实时数据库进行数据交换，实现自由、精确地控制运行流程，同时也可以由用户创建新的策略构件，扩展系统的功能。

10）良好的可维护性。MCGS 嵌入版系统由五大功能模块组成，主要的功能模块以构件的形式构造，不同的构件有着不同的功能，且各自独立。三种基本类型的构件（设备构件、动画构件、策略构件）完成了 MCGS 嵌入版系统的三大部分（设备驱动、动画显示和流程控制）的所有工作。

11）用自建文件系统管理数据存储，系统可靠性更高。由于 MCGS 嵌入版不再使用 Access 数据库存储数据，而是使用自建的文件系统管理数据存储，所以与 MCGS 通用版相比，MCGS 嵌入版的可靠性更高，在异常掉电情况下也不会丢失数据。

12）设立对象元件库，组态工作简单方便。对象元件库实际上是分类存储各种组态对象的图库。组态时，可把制作完好的对象（包括图形对象、窗口对象、策略对象及位图文件等）以元件的形式存入图库中，也可把元件库中的各种对象取出，直接为当前的工程所用，随着组态工作的积累，对象元件库将日益扩大和丰富，从而解决了组态结果的积累和重新利用问题。组态工作将会变得越来越简单方便。

总之，MCGS 嵌入版组态软件具有强大的功能，并且操作简单、易学易用，普通工程人员经过短时间的培训就能迅速掌握多数工程项目的设计和运行操作。同时使用 MCGS 嵌入版组态软件能够避开复杂的嵌入版计算机软、硬件问题，而将精力集中于解决工程问题本身，根据工程作业的需要和特点，组态配置出高性能、高可靠性和高度专业化的工业控制监控系统。

3. MCGS 嵌入版组态软件的主要特点

1）容量小。整个系统最低配置只需要极小的存储空间，可以方便地使用.doc 等存储设备。

2）速度快。系统的时间控制精度高，可以方便地完成各种高速采集系统，满足实时控制系统要求。

3）成本低。使用嵌入式计算机，可以大大降低设备成本。

4）真正嵌入。运行于嵌入式实时多任务操作系统。

5）稳定性高。无风扇，内置看门狗，上电重启时间短，可在各种恶劣环境下稳定长时间运行。

6）功能强大。提供中断处理，定时扫描精度可达到毫秒级，提供对计算机串口、内存、端口的访问，并可以根据需要灵活组态。

7）通信方便。内置串行通信功能、以太网通信功能、GPRS 通信功能、Web 浏览功能和 Modem 远程诊断功能，可以方便地实现与各种设备进行数据交换、远程采集和 Web 浏览。

8）操作简便。MCGS 嵌入版采用的组态环境，继承了 MCGS 通用版与网络版简单易学的优点，组态操作既简单直观，又灵活多变。

9）支持多种设备。提供了所有常用的硬件设备的驱动。

10）有助于建造完整的解决方案。MCGS 嵌入版组态环境运行于具备良好人机界面的 Windows 操作系统上，具备与北京昆仑通态自动化软件科技有限公司已经推出的通用版组态软件和网络版组态软件相同的组态环境界面，可有效帮助用户建造从嵌入式设备、现场监控工作站到企业生产监控信息网在内的完整解决方案，并有助于用户开发的项目在这三个层次上的平滑迁移。

4. MCGS 组态软件的大体框架和工作流程

MCGS 组态软件的大体框架如图 8-4 所示。实时数据库是整个软件的核心，从外部硬件采集的数据送到实时数据库，再由窗口来调用；通过用户窗口更改数据库的值，再由设备窗口输出到外部硬件。用户窗口中的动画构件关联实时数据库中的数据对象，动画构件按照数据对象的值进行相应的变化，从而达到"动"起来的效果。

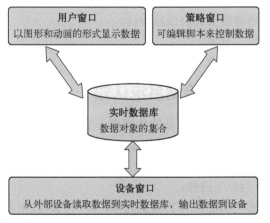

图 8-4 MCGS 组态软件的大体框架

巩固训练

1. 简述机械手的结构和工作原理。
2. 简述机械手抓取工件的工作过程。
3. 简述搬运机器人的分类及其特点。
4. 简述 MCGS 嵌入版组态软件的主要功能和特点。
5. 运用 MCGS 嵌入版组态软件构建机械手控制系统。

任务 8.2 产品定位控制

🖥 工作任务

1. 工作任务描述

了解定位控制的特点，掌握定位控制的工作原理。

2. 学习目标

1）能力目标：认识激光传感器，了解激光传感器的工作特点。

2）知识目标：了解激光传感器的应用场合，掌握其工作原理。

3）素质目标：培养态度认真、独立思考的职业素养，培养精益求精的工匠精神。

3. 教学组织设计

1）学生角色：操作者。

2）教学情境：企业生产部、设备维护部。

3）教学材料：学习参考材料、安全操作规范。

4. 教学过程

1）任务导入。

2）必备知识：安全操作规范。

3）技能训练：激光传感器的安装与线路设计。

4）成果交流：小组讨论、交流。

5）教师点评：各组改进、作业。

🏛 知识储备——产品定位检测系统认知

激光传感器是利用激光技术进行测量的传感器。它由激光器、激光检测器和测量电路组成。激光传感器是新型测量仪表，其优点是能实现无接触远距离测量、速度快、精度高、量程大、抗光和电干扰能力强等。激光传感器实物如图 8-5 所示。

激光器按工作物质可分为以下四种：

1）固体激光器。固体激光器的工作物质是固体。常用的有红宝石激光器、掺钕的钇铝石榴石激光器（即 YAG 激光器）和钕玻璃激光器等。它们的结构大致相同，特点是小而坚固、功率高，钕玻璃激光器是脉冲输出功率最高的器件，可达数十兆瓦。

2）气体激光器。气体激光器的工作物质为气体。现已有各种气体原子、离子、金属蒸气、气体分子激光器。常用的有二氧化碳激光器、氦氖激光器和一氧化碳激光器，其形状如普通放电管，特点是输出稳定，单色性好，寿命长，但功率较小，转换效率较低。

3）液体激光器。液体激光器又可分为螯合物激光器、无机液体激光器和有机染料激光器，其中最重要的是有机染料激光器，其最大特点是波长连续可调。

4）半导体激光器。半导体激光器是较新型的一种激光器，其中较成熟的是砷化镓激光器，其特点是效率高、体积小、重量轻、结构简单，适宜在飞机、军舰、坦克上以及随身携带，可制成测距仪和瞄准器。但输出功率较小、定向性较差、受环境温度影响较大。

图 8-5　激光传感器实物

1．工作原理

激光传感器工作时，先由激光发射二极管对准目标发射激光脉冲。经目标反射后激光向各方向散射。部分散射光返回到传感器接收器，被光学系统接收后成像到雪崩光电二极管上。雪崩光电二极管是一种内部具有放大功能的光学传感器，因此它能检测极其微弱的光信号，并将其转化为相应的电信号。常见的是激光测距传感器，它通过记录并处理从光脉冲发出到返回被接收所经历的时间，即可测定目标距离。激光传感器必须极其精确地测定传输时间，因为光速太快。

2．主要功能

激光传感器利用激光的高方向性、高单色性和高亮度等特点，可实现无接触远距离测量常用于长度、距离、振动、速度、方位等物理量的测量，还可用于探伤和大气污染物的监测等。

3．激光测长

精密测量长度是精密机械制造工业和光学加工工业的关键技术之一。目前长度计量多是利用光波的干涉现象来进行的，其精度主要取决于光的单色性的好坏。激光是最理想的光源，它比以往最好的单色光源（氪-86 灯）还纯 10 万倍。因此激光测长的量程大、精度高。由光学原理可知，单色光的最大可测长度 L 与波长 λ 和谱线宽度 δ 之间的关系为 $L=\lambda/\delta$。用氪-86 灯可测最大长度为 38.5cm，对于较长物体就需分段测量从而使精度降低。若用氦氖气体激光器，则最大可测几十千米。一般测量数米之内的长度，其精度可达 0.1μm。激光传感器的应用如图 8-6 所示。

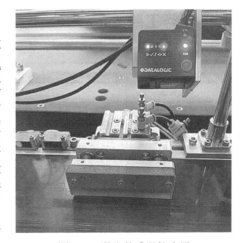

图 8-6　激光传感器的应用

4．激光测距

激光测距的原理与无线电雷达相同，将激光对准目标发射出去后，测量它的往返时间，再乘以光速即得到往返距离。由于激光具有高方向性、高单色性和高功率等优点，这些对于测远距离、判定目标方位、提高接收系统的信噪比、保证测量精度等都很关键，因此激光测距仪日益受到重视。在激光测距仪基础上发展起来的激光雷达不仅能测距，而且还可以测目标方位、运行速度和加速度等，已成功地用于人造卫星的测距和跟踪，如采用红宝石激光器的激光雷达，测距范围为 500～2000km，误差仅几米。不久前，英国真尚有集团的研发中心研制出的 LDM 系列测距传感器，可以在数千米测量范围内的精度达到微米级别。常采用红宝石激光器、钕玻璃激光器、二氧化碳激光器以及砷化镓激光器作为激光测距仪的光源。

5．激光测振

激光测振基于多普勒原理测量物体的振动速度。多普勒原理是指若波源或接收波的观察者相对于传播波的媒质而运动，那么观察者所测到的频率不仅取决于波源发出的振动频率，而且还取决于波源或观察者的运动速度的大小和方向。所测频率与波源的频率之差称为多普勒频移。在振动方向与运动方向一致时，多普勒频移 $f_d = v/\lambda$，其中 v 为振动速度，λ 为波长。在激光多普勒振动速度测量仪中，由于光往返的原因，$f_d = 2v/\lambda$。这种测振仪在测量时由光学部分将物体的振动转换为相应的多普勒频移，并由光检测器将此频移转换为电信号，再由电路部分进行适当处理后送往多普勒信号处理器，将多普勒频移信号变换为与振动速度相对应的电信号，最后记录于磁带。这种测振仪采用波长为 632.8nm 的氦氖激光器，用声光调制器进行光频调制，用石英晶体振荡器加功率放大电路作为声光调制器的驱动源，用光电倍增管进行光电检测，用频率跟踪器处理多普勒信号。优点是使用方便，不需要固定参考系，不影响物体本身的振动，测量频率范围宽、精度高、动态范围大；缺点是测量过程受其他杂散光的影响较大。

6．激光测速

激光测速也是基于多普勒原理的一种激光测速方法，用得较多的是激光多普勒流速计，它可以测量风洞气流速度、火箭燃料流速、飞行器喷射气流流速、大气风速和化学反应中粒子的大小及汇聚速度等。

📝 任务工单

任务名称	产品定位控制		任务成绩	
学生班级			学生姓名	
所用设备			教学地点	
任务描述	笔记本底盖板（工件）到达指定位置，机械手抓取工件，并放入合适位置。通过本任务的学习，了解机械手的结构和工作原理，掌握机械手抓取工件的工作过程			
目标达成	1）明确定位检测系统的组成结构 2）掌握定位检测系统的工作原理 3）掌握定位检测系统的动作过程控制			
任务实施	学习步骤 1	定位检测系统的组成结构		
	自测	定位检测系统由哪几部分构成		
	学习步骤 2	定位检测系统的工作原理		
	自测	定位检测系统的工作原理		

（续）

	学习步骤3	定位检测系统的动作过程控制
任务实施	1）定位检测系统的动作过程 2）定位检测系统的操作控制 按照任务要求，控制机械手准确执行相应动作	
任务评价	1）自我评价与学习总结 2）任课教师评价成绩	

 能力拓展——产品定位检测系统应用拓展

1. 激光位移传感器的应用

1）尺寸测定，包括微小零件的位置识别、传送带上有无零件的监测、材料重叠和覆盖的探测、机械手位置（工具中心位置）的控制、器件状态检测、器件位置的探测（通过小孔）、液位的监测、厚度的测量、振动分析、碰撞试验测量和汽车相关试验等。

2）金属薄片和薄板的厚度测量。激光传感器测量金属薄片（薄板）的厚度。厚度的变化检出可以帮助发现皱纹、小洞或者重叠，以避免机器发生故障。

3）气缸筒的测量，同时测量角度、长度、内外直径偏心度、圆锥度、同心度以及表面轮廓。

4）长度的测量。将测量的组件放在指定位置的输送带上，激光传感器检测到该组件并与触发的激光扫描仪同时进行测量，最后得到组件的长度。

5）均匀度的检查。在要测量的工件运动的倾斜方向一行放几个激光传感器，直接通过一个传感器进行度量值的输出，另外也可以用软件计算出度量值，并根据信号或数据读出结果。

6）电子元件的检查。用两个激光扫描仪，将被测元件摆放在两者之间，通过传感器读出数据，从而检测出该元件尺寸的精度及完整性。

7）生产线上灌装级别的检查。激光传感器集成到灌装产品的生产制造中，当灌装产品经过激光传感器时，就可以检测到是否填充满。激光传感器用激光束反射表面的扩展程序就能精确地识别灌装产品填充是否合格以及产品的数量。

2. 激光测距传感器的应用

（1）汽车防撞探测器

目前大多数汽车防碰撞系统的激光测距传感器使用激光光束，以不接触方式识别汽车在前或者在后情况下与目标汽车之间的距离，当汽车间距小于预定安全距离时，汽车防碰撞系统对汽车进行紧急制动，或者对驾驶员发出报警，或者综合目标汽车速度、车距、汽车制动距离、响应时间等对汽车行驶进行即时的判断和响应，可以大量地减少行车事故。在高速公路上使用汽车防撞探测器，其优点更加明显，如图8-7所示。

图 8-7　汽车防撞探测器

（2）车流量监控

激光测距传感器用于车流量监控时一般将其固定到高速或者重要路口的龙门架上，激光发射和接收系统垂直地面向下，对准一条车道的中间位置，当有车辆通行时，激光测距传感器能实时输出所测距离的相对改变值，进而描绘出所测车的轮廓。这种测量方式一般要求测距范围小于 30m，且要求激光测距仪的采样频率较高，一般要求达到 100Hz，对于重要路段监控可以达到很好的效果，能够区分各种车型，对车身高度扫描的采样频率可以达到 10cm 一个点（在40km/h 时，采样率为 11cm 一个点），对车流限高（限长）、车辆分型等都能实时分辨，并能快速输出结果，如图 8-8 所示。

图 8-8　车流量监控

 巩固训练

1. 简述位置检测系统的主要组成结构及各部分的作用。
2. 简述激光传感器的工作原理。
3. 简述激光传感器的功能特点。
4. 产品定位控制中的控制如何实现？

任务 8.3　光学检测取像

📖 工作任务

1. 工作任务描述

了解光学检测取像的特点，掌握光学检测取像的工作原理。

2．学习目标

1）能力目标：认识工业相机，了解光学检测取像系统应用拓展。

2）知识目标：掌握工业相机的基本参数和工作原理。

3）素质目标：培养态度认真、独立思考的职业素养，培养精益求精的工匠精神。

3．教学组织设计

1）学生角色：操作者。

2）教学情境：企业生产部、设备维护部。

3）教学材料：学习参考材料、安全操作规范。

4．教学过程

1）任务导入。

2）必备知识：安全操作规范。

3）技能训练：光学检测取像系统的安装与线路设计。

4）成果交流：小组讨论、交流。

5）教师点评：各组改进、作业。

📖 知识储备——光学检测取像系统认知

1．工业镜头的认知

透镜分为凸透镜和凹透镜。凸透镜是折射成像，成的像可以是倒立、缩小的实像；倒立、等大的实像；倒立、放大的实像；正立、放大的虚像，对光线起汇聚作用。凹透镜是折射成像，只能成正立、缩小的虚像。对光线起发散作用。

凸透镜成像规律可以描述为：2 倍焦距以外，成倒立、缩小实像；1～2 倍焦距之间，成倒立、放大实像。成实像时，物和像在凸透镜异侧；成虚像时，物和像在凸透镜同侧，并以 1 倍焦距分虚实（和正倒）、2 倍焦距分大小，物近像远像变大、物远像近像变小。如图 8-9、图 8-10 所示。

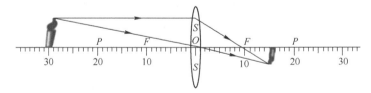

图 8-9　凸透镜成像规律

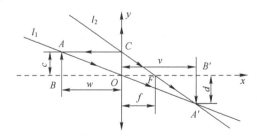

图 8-10　凸透镜焦距比值

照相机运用的就是凸透镜的成像规律，镜头就是一个凸透镜，要拍摄的景物是物体，胶片就是屏幕。如图 8-11 所示。

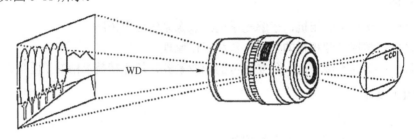

图 8-11　照相机成像

2．工业镜头的基本参数

（1）物理接口

镜头的物理接口，其实就是镜头和相机连接的物理接口形式。工业镜头常用接口形式有 C 口、CS 口、F 口等，其中 C、CS 口是专门用于工业领域的国际标准接口。镜头选择何种接口，应以相机的物理接口为准。

（2）光学尺寸

镜头的光学尺寸是指镜头最大能兼容的 CCD 芯片尺寸。相机之所以能成像，是因为镜头把物体反射的光线打到了 CCD 芯片上面。因此，镜头的镜片直径应大于或等于 CCD 芯片尺寸。常见镜头的相面尺寸有 1/3in（1in=0.0254m）、1/2in、2/3in、1in 等。

（3）视场角

视场（FOV）是整个系统能够观察的物体的尺寸范围，进一步分为水平视场和垂直视场，也就是 CCD 芯片最大成像对应的实际物体大小，定义为

$$FOV=L/M$$

式中，L 为 CCD 芯片的高度或宽度；M 为放大率，且

$$M=h/H=v/u$$

式中，h 为像高；H 为物体高度；u 为物距；v 为像距。

FOV 也可以表示成镜头对视野的高度和宽度的张角，即视场角 α，定义为

$$\alpha=2\theta=2\arctan(L/2v)$$

通常用视场角来表示视场的大小。

（4）焦距

焦距是光学系统中衡量光的聚集或发散程度的参数，是从透镜中心到光聚集焦点的距离，也是相机从镜片中心到底片或 CCD 等成像平面的距离。简单来说，焦距是焦点与面镜顶点之间的距离。

镜头焦距的长短决定视场角的大小，焦距越短，视场角就越大，观察范围也大，但远处的物体不清楚；焦距越长，视场角越小，观察范围也越小，很远的物体也能看清楚。由此可见，焦距和视场角一一对应，一定的焦距就意味着一定的视场角。因此，选择焦距时应充分考虑是要观察细节还是要有较大的观测范围。

（5）自动调焦

在机器视觉系统中，调焦直接影响光测设备的测量效果，特别是在光测设备对运动目标进行拍摄的过程中，目标与光测设备之间的距离随时发生变化，因而需要不断地调整光学系统的焦距，从而调整目标像点的位置，使其始终位于焦平面上，以获得清晰的图像。

（6）景深

景深（DOF）是指在摄像机镜头或其他成像器前沿，能够取得清晰图像的成像所测定的被摄物体前后距离范围。在聚焦完成后，焦点前后范围内所呈现的是清晰的图像，这一前后距离范围便是景深。光圈、镜头及到拍摄物的距离是影响景深的重要因素。

3. 工业相机的认知

工业相机是机器视觉系统的关键组件，其本质功能就是将光信号转变成有序的电信号。照相机的成像原理来源于小孔成像，镜头是智能化的小孔，通过复杂的镜头组件实现不同的成像距离。数字相机是通过光学系统将影像聚焦在成像元件 CCD 或 CMOS 上，通过 A/D 转换器将每个像素上的光电信号转化为数字信号，再经过数字信号处理器（DSP）处理成数字图像，存储在存储介质中，如图 8-12 所示。

图 8-12　工业相机

（1）线阵 CCD 图像传感器

CCD 图像传感器由一行对光线敏感的光电探测器组成，光电探测器一般为光栅晶体管或光电二极管。线阵 CCD 图像传感器只能生成高度为 1 行的图像，实际用途有限，因此常通过多行组成二维图像。

（2）面阵 CCD 图像传感器

线阵 CCD 图像传感器扩展为全帧转移型面阵 CCD 图像传感器的基本原理：光在光电探测器中转换为电荷，电荷按行的顺序转移到串行读出寄存器，然后按与线阵 CCD 图像传感器相同的方式转换为视频信号。

（3）隔列转移型 CCD 图像传感器

除光电探测器外，这种传感器还包含一个带有不透明的金属屏蔽层的垂直转移寄存器。图像曝光后，积累的电荷通过传输门电路转移到垂直转移寄存器，这一过程通常在 1μs 内完成。电荷通过垂直转移寄存器移至串行读出寄存器，然后读出并形成视频信号。

（4）CMOS 图像传感器

CMOS 图像传感器通常采用光电二极管作为光电探测器。与 CCD 图像传感器不同，光电二极管中的电荷不是顺序地转移到读出寄存器，CMOS 图像传感器的每一行都可以通过行和列选择电路直接选择并读出。这时 CMOS 图像传感器可以当作随机存取存储器。CMOS 图像传感器的每个像素都对应一个独立的放大器。这种类型的传感器也称为主动像素传感器（APS）。CMOS 图像传感器常用数字视频输出。因此，图像每行中的像素通过 A/D 转换器阵列并行地转化为数字信号。

4. 工业相机的基本参数

（1）传感器的尺寸

CCD 和 CMOS 有多种生产尺寸，最常见的是传感器长度、宽度及对角线长度，多以英寸（in）为单位，见表 8-1。

表 8-1 传感器长度、宽度及对角线长度

尺寸/in	宽度/mm	高度/mm	对角线长度/mm	像素间距/μm
1	12.8	9.6	16	20
2/3	8.8	6.6	11	13.8
1/2	6.4	4.8	8	10
1/3	4.8	3.6	6	7.5
1/4	3.2	2.4	4	5

（2）帧速

帧速是指视频画面每秒钟传播的帧数，用于衡量视频信号的传输速度，单位为帧/s。动态画面实际上是由一帧帧静止画面连续播放而成的，机器视觉系统必须快速采集这些画面并将其显示在屏幕上才能获得连续运动的效果。采集处理时间越长，帧速就越低，如果帧速过低，画面就会产生停顿、跳跃的现象。一般对于机器视觉系统来说，30 帧/s 是最低限值，60 帧/s 则较为理想。但也不能一概而论，不同类型的应用所需的帧速各不相同，帧速的选择需要和实际的应用目标相匹配。

（3）分辨率

分辨率可以从显示分辨率和图像分辨率两个方向来分类。显示分辨率（屏幕分辨率）是屏幕图像的精密度，是指显示器所能显示的像素有多少。由于屏幕上的点、线和面都是由像素组成的，显示器可显示的像素越多，画面就越精细，同样的屏幕区域内能显示的信息也越多。图像分辨率是指每英寸中所包含的像素点数，其定义更趋近于分辨率本身的定义。

相机分辨率是指每次采集图像的像素点数。对于工业数字相机，相机分辨率一般是直接对应于光电传感器的有效像素数；对于工业数字模拟相机，则取决于视频制式，PAL 制为 768×576，NTSC 制为 640×480。

（4）像素深度

像素深度是指存储每个像素所用的位数，也可以用来度量图像的分辨率。像素深度决定了彩色图像中每个像素可能有的颜色数，或者灰度图像中每个像素可能有的灰度级数。通常，像素深度也称为图像深度，表示一个像素的位数越多，它能表达的颜色数目就越多，深度就越深。一般情况下，常用的像素深度是 8bit，工业数字相机一般还会用 10bit、12bit 像素深度等。

（5）曝光方式和快门速度

工业线阵相机都采用逐行曝光的方式，可以选择固定行频和外触发同步的采集方式，曝光时间可以与行周期一致，也可以设定一个固定的时间；面阵相机有帧曝光、场曝光和滚动行曝

光等方式，工业数字相机一般都提供外触发采集图像功能。快门速度一般可达到 10μs，高速相机还可以更快。

（6）光谱响应特性

光谱响应特性是指像素传感器对不同光波的敏感性，一般响应范围为 350~1000nm。一些相机在靶面前加一个滤镜，用来滤除红外线，当系统需要对红外线感光时可去掉该滤镜。

8-2
光学检测取像

任务工单

任务名称	光学检测取像		任务成绩	
学生班级			学生姓名	
所用设备			教学地点	
任务描述	笔记本底盖板（工件）到达指定位置，机械手抓取工件，并放入合适位置，进行光学检测取像。通过本任务的学习，了解光学检测取像系统的结构和工作原理，掌握光学检测取像系统的工作过程			
目标达成	1）明确光学检测取像系统的组成结构 2）掌握光学检测取像系统的工作原理 3）掌握光学检测取像系统的动作过程控制			
任务实施	学习步骤1	光学检测取像系统的组成结构		
	自测	光学检测取像系统由哪几部分构成		
	学习步骤2	光学检测取像系统的工作原理		
	自测	光学检测取像系统的工作原理		
	学习步骤3	光学检测取像系统的动作过程控制		
	1）光学检测取像系统的动作过程 2）光学检测取像系统的操作控制 按照任务要求，控制光学检测取像系统准确执行相应动作			
任务评价	1）自我评价与学习总结 2）任课教师评价成绩			

⚙ 能力拓展——光学检测取像系统应用拓展

光学检测取像系统的行业应用包含以下方面：

（1）体育项目

采用高速相机捕捉棒球及高尔夫球击球时球的状态和空气产生的阻力等，如图 8-13 所示。

图 8-13　高速相机

（2）工业领域

如开发金属材料及树脂材料时，用于观察材料受到冲击时内部裂纹产生的方向、状态等，可用来分析材料被破坏时物质的结构，以及电子产品的工业在线检测等，如图 8-14 所示。

图 8-14　电子产品的工业在线检测

（3）开发产品和验证产品

在开发产品和验证产品等方面，工业数字相机对被摄物的大小没有限制，根据镜头的条件，既可以拍摄一般物质，也能用于显微镜摄影。

（4）包装和标签行业

包装和标签行业的印刷过程中，可以实时检测到高速印刷中细微的缺陷，便于采取措施，减少损失。比较常见的缺陷，如划痕、灰尘、漏印、墨痕、褶皱等都会被检测出来，提升投资回报，减少废品支出。

（5）其他领域

如机器视觉、科研、军事科学、航空航天等众多领域，尤其是在智能交通领域，如超速抓拍，电子交警，高速路口、卡口收费等方面也取得了广泛的应用。

 巩固训练

1. 简述透镜成像的规律。
2. 简述选用工业相机的主要参数。
3. 简述分辨率及像素深度对工业相机成像的作用。
4. 拍摄成像时，焦距如何调节？

项目九　产品平面度检测

任务 9.1　三轴机械手抓取控制

工作任务

1．工作任务描述

认识三轴机械手，掌握三轴机械手的结构组成和控制原理。

2．学习目标

1）能力目标：正确认识三轴机械手，区分三轴机械手的各组成结构。

2）知识目标：了解三轴机械手的应用场合，掌握三轴机械手的结构组成，理解三轴机械手的控制原理。

3）素质目标：培养仔细做事、独立思考的职业素养，培养正确表达自己思想的能力。

3．教学组织设计

1）学生角色：操作者。

2）教学情境：企业生产部、设备维护部。

3）教学材料：学习参考材料、安全操作规范。

4．教学过程

1）任务导入。

2）必备知识：安全操作规范。

3）技能训练：三轴机械手的结构组成认知与控制。

4）成果交流：小组讨论、交流。

5）教师点评：各组改进、作业。

知识储备——平面度检测工位与三轴机械手

1．平面度检测工位介绍

（1）平面度检测工位的结构组成

平面度检测设备型号为 ZML-24，外观如图 9-1 所示。

图 9-1　ZML-24 型平面度检测设备外观

平面度检测工位的功能是由模组带动线激光器进行区域性检测，结构如图 9-2 所示。工位包含取料机构、旋转机构、定位气缸、定位基准边、模组及线激光器组成。

9-1
平面度检测

图 9-2　平面度检测工位结构

平面度检测工位中各组成部件的型号、品牌、数量见表 9-1。

表 9-1　平面度检测工位中各组成部件的型号、品牌、数量

名称	型号	品牌	数量
工业相机	Basler academic 3800	Basler	2
接触式感应器	GT2-PA12K	基恩士	2
激光位移传感器	LJ-V7060	基恩士	1
工控机	OptiPlex XE2 Minitower,EPA	DELL	3
PLC	KV7000/FX3U-128MT/ES-A	基恩士、三菱	3
模组	GTH 系列	TOYO	13
直线滑轨	HGH25HA-P 级	HIWIN	6
光栅尺	VX-0500-AA0-20-30A	MicroE	2

（2）平面度检测算法

平面度检测算法是在基于最小二乘法拟合的理想平面做各点相对测量，搭配基恩士激光头，

测量工件表面轮廓。

通过一次测量获得实际表面上若干个点分别在空间 X、Y、Z 内的值，大部分 X、Y、Z 的值存在较大的误差，最小二乘法的目标是求得各个点到平面距离的残差，即将大部分测量点相对集中于同一平面或与平面的垂直距离最小，拟合出虚拟的理想平面。此时，求得测量点距离虚拟平面最远的点作为最大翘曲度的判断，如图 9-3 所示。

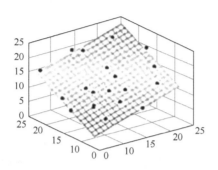

图 9-3 平面检测度算法

LJV 感测头的线激光照射在被测物上，在 Z 轴和 X 轴的测量范围内，获得被测物在该测量范围内的轮廓。当被测物进行 Y 轴方向移动时，同时获得 Y 轴的数据，Y 轴的精度由移动机构的精度确认。

空间平面方程的一般表达式为

$$Ax + By + Cz + D = 0, C \neq 0$$

$$z = -\frac{A}{C}x - \frac{B}{C}y - \frac{D}{C}$$

记 $a_0 = -\dfrac{A}{C}, a_1 = -\dfrac{B}{C}, a_3 = -\dfrac{D}{C}$，则有

$$z = a_0 x + a_1 y + a_2$$

对于空间中 n 个点，(x_i, y_i, z_i)，$i = 1, 2, \cdots, n$，根据最小二乘法，用这 n 个点拟合上述平面方程，需要使该式的值最小，即

$$S = \sum_{i=1}^{n} (a_0 x_i + a_1 y_i + a_2 - z_i)$$

要使 S 最小，应满足

$$\frac{\partial S}{\partial a_k} = 0, k = 0, 1, 2$$

即

$$\begin{cases} \sum 2(a_0 x_i + a_1 y_i + a_2 - z_i) x_i = 0 \\ \sum 2(a_0 x_i + a_1 y_i + a_2 - z_i) y_i = 0 \\ \sum 2(a_0 x_i + a_1 y_i + a_2 - z_i) = 0 \end{cases}$$

由上式解得 a_0、a_1、a_2，即得到平面方程为

$$z = a_0 x + a_1 y + a_2$$

2. 三轴机械手的结构与控制

（1）三轴机械手的发展

在工业自动化生产中，无论是单机还是组合机床，以及自动生产流水线，都要用到机械手来完成工件的取放。对机械手的控制主要是位置识别、运动方向控制和物料是否存在的判别。其任务是将传送带 A 上的工件或物品搬运到传送带 B 上。机械手的上升、下移、左移、右移、抓紧和放松都是用双线圈三位电磁阀气动缸完成。当某个电磁阀通电时，保持相对应的动作，即使线圈再断电仍然保持，直到相反方向的线圈通电，对应的动作才结束。设备上装有上升、下移、左移、右移、抓紧、放松六个限位开关，控制对应工步的结束。传送带上设有一个光电开关，监视工件到位与否。

机械手是模仿人的手部动作，按给定程序、轨迹和要求实现自动抓取、搬运和操作的自动装置。机械手可在高温、高压、多粉尘、易燃、易爆、放射性等恶劣环境中，以及笨重、单调、频繁的操作中代替人工作业，因此获得了日益广泛的应用。机械手一般由执行机构、驱动系统、控制系统及检测装置三大部分组成，智能机械手还具有感觉系统和智能系统。

工业机械手是近几十年发展起来的一种高科技自动化生产设备。工业机械手是工业机器人的一个重要分支，其特点是可通过编程来完成各种预期的作业任务，在构造和性能上兼有人和机器各自的优点，尤其体现了人的智能和适应性。机械手因其作业的准确性和各种环境中完成作业的能力，而在国民经济各领域有着广阔的发展前景。

工业机械手的发展历程大约经历了应用推广阶段、国产化阶段、产品成熟阶段等。

1）应用推广阶段（1998—2003 年）。1998 年，随着我国经济的高速发展，特别是汽车制造工业的崛起，机械手逐步进入国内市场，这一阶段产品单靠进口，品牌有日本的日东工器和意大利的 Dalmec，应用领域基本集中于汽车制造工业，并在其他领域的合资企业中逐步推广。

2）国产化阶段（2003—2008 年）。由于进口机器的价格高、交货时间长、夹具改造困难，不适应国内工业高速发展的需求，国内出现了机械手的生产厂商，价格依据设备提升的负载重量、夹具的复杂性、项目的总金额及供应商的竞价程度不等。

3）产品成熟阶段（2008 至今）。近年来，机械手的生产技术及气控技术已被众多厂商掌握，机械手产品正向重工、军工、高铁、玻璃等行业扩展和应用（据估算，国内市场全年机械手产品采购金额为 3000 万～4000 万美元），在产品推广应用过程中，国内的生产厂商在夹具设计、产品的外观处理及产品细微部分的处理方面与国外产品还有一定的差距，国外产品的技术对国内企业还有一定的吸引力。

（2）三轴机械手的结构组成

三轴伺服机械手由手部、运动机构和控制系统组成，可用在 400～4000t 的各型塑胶射出成型机上，通常用于注塑行业产品的取出、放入以及工业中的工件搬运。三轴机械手外形如图 9-4 所示。

（3）三轴机械手的控制

随着工业 4.0 的快速发展，机械手已逐渐应用于各行业中，传统的注塑行业也越来越广泛地使用机械手，而使用较多的是三轴机械手。

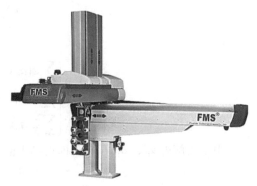

图 9-4　三轴机械手外形

1）三轴机械手的方位控制。方位控制方式一般是通过外部输入的脉冲频率来判断翻滚速度的信息，通过脉冲的个数来判断翻滚的视点，也有些全伺服机械手（如五轴伺服机械手）控制器可以通过通信式伺服机械手控制器直接对速度和位移进行赋值。方位控制方式可以对速度和方位进行很严格的控制，所以一般应用于定位设备。

2）三轴机械手的速度控制。通过模拟量输入或脉冲频率都可以进行翻滚速度的控制，在有上位控制设备的外环 PID 控制时，速度控制方式也可以进行定位，但有必要把电动机的方位信号或直接负载的方位信号反映给上位机做运算用。三轴伺服机械手方位控制方式也支持直接负载外环查看方位信号，此时电机轴端的编码器只查看电机转速，方位信号由负载端的传感器供给，以减少基地传动过程中的过失，提高系统的定位精度。

1）控制面板。本项目平面度检测工位使用三轴机械手取放产品以及产品检测时的移动，其三轴分别为：1 轴—取料 Y 轴，运动距离最远的轴；2 轴—取料 Z 轴；3 轴—旋转轴。控制面板如图 9-5 所示。

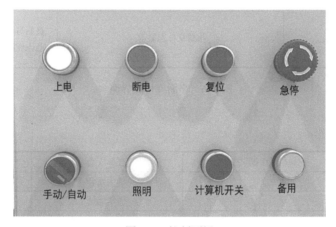

图 9-5　控制面板

控制面板按钮功能见表 9-2。

表 9-2　控制面板按钮功能

按钮	功能
上电按钮	给 PLC 以及传感器、电动机等电气元件供电（不包含计算机电源），配有绿色指示灯指示设备控制回路是否上电
断电按钮	断开 PLC 等控制电路的电源
复位按钮	复位设备
手动/自动旋钮	切换手动/自动模式，旋钮手柄上的白色指示指向手动即为手动模式，指向自动即自动模式
急停按钮	按下后设备紧急停止，防止伤害或者损失扩大。顺时针旋转按钮解除紧急停止状态
照明按钮	按下照明按钮，设备照明灯点亮，再次按下按钮，照明灯熄灭，配有蓝色指示灯指示设备照明灯是否点亮
计算机开关按钮	等同于计算机主机上的开机按钮，按下工控机开机
备用按钮	备用按钮，无实际效果

其中，手动操作模式的功能为：手动操作模式下，可以手动通过计算机操作界面操作设备的可动作部分，包含气缸、轴。

自动模式的功能为：自动模式为设备自动运行模式，无须人工干预，传感器检测到产品以及相应的条件满足后，设备会做出相应的动作。

注意：自动模式下，当条件满足时会自动动作，切勿人工干预传感器。

2）操作界面。平面度检测界面如图 9-6 所示，界面中显示产品平面度检测结果。从上位机操作界面可以切换控制方式，并实时显示气缸位置，异常时及时报警。

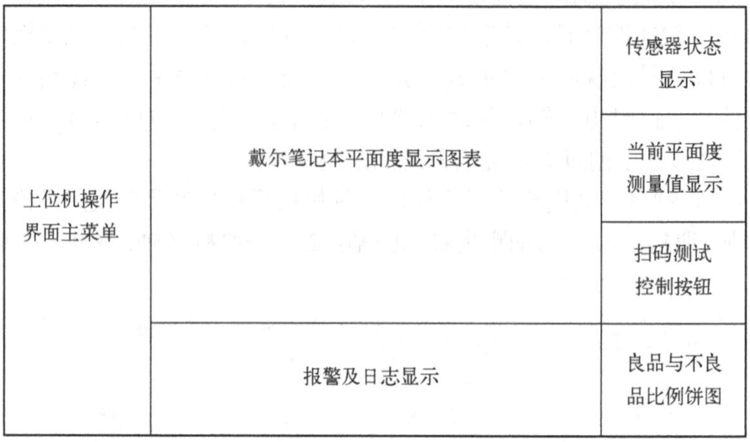

上位机操作界面主菜单	戴尔笔记本平面度显示图表	传感器状态显示
		当前平面度测量值显示
		扫码测试控制按钮
	报警及日志显示	良品与不良品比例饼图

图 9-6 平面度检测界面

任务工单

任务名称	三轴机械手抓取控制		任务成绩	
学生班级			学生姓名	
所用设备			教学地点	
任务描述	随着工业 4.0 的快速发展，机械手已逐渐应用于各行业中，传统的注塑行业也越来越广泛地使用机械手，使用较多的是三轴机械手			
目标达成	1）正确认识三轴机械手 2）掌握三轴机械手的结构组成 3）熟知三轴机械手的工作原理			
任务实施	学习步骤 1	三轴机械手的总体介绍、特点、发展历程和应用场合		
	自测	机械手自由度的概念		
	学习步骤 2	三轴机械手的构成和硬件结构组成。通过多媒体手段结合实验实训设备，讲解三轴机械手的结构组成。		
	自测	三轴机械手的抓取过程任务分解		
	学习步骤 3	三轴机械手的工作原理与控制方法。通过多媒体手段结合实验实训设备，讲解三轴机械手的工作原理		
	自测	画出三轴机械手控制流程图，编写并调试程序		

（续）

	1）自我评价与学习总结
任务评价	2）任课教师评价成绩

 能力拓展——机械手应用（Shadow 灵巧手）

Shadow 灵巧手是英国 Shadow Robot 公司推出的先进仿人机器手， Shadow 的五指灵巧手无论是力的输出还是活动的灵敏度，都可以与人手媲美。Shadow 灵巧手作为人类活动肢体的有效延伸，以其能够完成灵活、精细的抓取操作，成为机器人领域的热门研究方向。

Shadow 灵巧手和人类的手一样拥有 24 个自由度，并可以实现和人手一样的动作。各个关节通过直流电动机驱动（可选气动）。手内部集成基于 ROS 的控制系统，并提供功能丰富的图

形化控制界面，同时支持使用 MoveIt! 软件进行运动规划及三维仿真模拟。Shadow 灵巧手具有通用性强、感知能力丰富、能够实现满足位置和力的闭环控制，精确、稳固抓取等优点，在空间探索、危险环境作业、医学工程、工业生产以及服务机器人等领域将发挥越来越重要的作用，如图 9-7 所示。

1. 产品特点

Shadow 灵巧手基于人手运动学，标准版本的五指手拥有和人手同等数量的 24 个关节（包括腕部），并拥有 20 个可单独控制的自由度；整体大小与人手

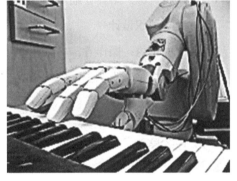

图 9-7 Shadow 灵巧手

一致，方便模仿人类的手部动作，通过扩展指尖传感器以及用于远程控制的数据手套等，可轻易通过遥控操作实现远程控制；整机采用 EtherCAT 进行内部数据传输以及和远程控制端的通信，通过高频率的反馈与控制周期，可以实时反馈多达 120 个以上的各种反馈数据。

2. 产品应用

家用机器人在生活中很常见，Shadow 灵巧手技术的运用，使家用机器人在众多机器中脱颖而出。如：它能帮人拿一杯热茶，而不会出现捏碎玻璃这样的事情。

机器人灵巧手作为机器人领域的一个重要研究方向，关键在于如何突破驱动源、传感技术、控制技术、电子技术。目前灵巧手的五指、多自由度（≥15）、多感知（位置、力/力矩）等已被广泛地实现。灵巧手具备了人手的基本模样，能够实现人手的某些抓握操作。未来的灵巧手在传感器、灵活性、集成度、小型化、可靠性、实际应用等方面会有所突破，具有多种感知功能的拟人化灵巧手，将作为人类肢体的有效延伸，在空间探索、危险环境、科学研究、工业生产以及服务机器人等领域发挥出越来越重要的作用。

 巩固训练

1. 简述机器人计算机控制系统的 3 种结构及各自的特点。
2. 简述工业机器人与数控机床的区别。

3. 简述机械手自由度的定义，分析不同自由度机械手的应用。

任务 9.2　产品定位控制

🖳 工作任务

1. 工作任务描述

认识定位控制方式，掌握定位控制原理。

2. 学习目标

1）能力目标：正确认识定位检测传感器，区分定位检测传感器的各组成结构。

2）知识目标：了解定位控制的应用场合，掌握定位控制的工作原理。

3）素质目标：培养仔细做事、独立思考的职业素养，培养正确表达自己思想的能力。

3. 教学组织设计

1）学生角色：操作者。

2）教学情境：企业生产部、设备维护部。

3）教学材料：学习参考材料、安全操作规范。

4. 教学过程

1）任务导入。

2）必备知识：安全操作规范。

3）技能训练：定位检测传感器的选型与定位控制策略。

4）成果交流：小组讨论、交流。

5）教师点评：各组改进、作业。

📖 知识储备——产品定位检测原理

定位控制系统包含定位检测传感器、系统控制器、驱动器、执行机构。其中定位检测传感器用于检测工件位置；传感器输出信号给系统控制器，系统控制器是发出位置控制命令的装置，可以是 PLC、定位单元或者定位模块。系统控制器的输出功率不可能太大，所以需要一个功率放大装置，即驱动器。伺服驱动器还有一个信号转换的作用。根据控制命令和反馈信号对电动机进行三要素控制。执行机构使用液体、气体、电力或其他能源并通过电动机、气缸或其他装置将能量转化成驱动作用。定位控制系统设备一览表见表 9-3。

表 9-3　定位控制系统设备一览表

序号	名称	数量	型号
1	非精密机加工物料	1	模组连接等部分，设备大底板、标准件固定部分以及加强结构部分
2	伺服模组	1	TOYO 模型：GTH-BR-300-M10，精度为±0.01
3	伺服模组	1	TOYO 模型：GTH-BC-400-M10，精度为±0.01
4	伺服模组	1	TPA65S-P10-L150-M-P100W

（续）

序号	名称	数量	型号
5	伺服模组	1	TPA85S-P90-L450-LP-P200W
6	伺服电动机/驱动器	2	松下 A6 系列电动机型号：MSMF022L1A1
7	挡料气缸	6	气可立
8	反射型感应器	6	欧姆龙：E3Z-D61 2M
9	戴尔工控机	1	线头取料机构
10	显示器	1	线头取料机构
11	激光位移传感器系统	1	基恩士：LJ-V7060
12	控制器	1	基恩士：LJ-V7001
13	控制器用电缆	1	基恩士：CB-B3
14	超高速轮廓测量仪	1	基恩士：LJ-H3
15	直线滑轨	2	上银：HGH25HA（P 级）
16	真空吸盘	20	吸取产品使用
17	真空发生器	4	产生真空使用
18	直线轴承	2	机加件与标准件
19	翻转机构	1	华工定制

定位控制的三要素是指定速度、指定方向、指定位移。单速度定位中，速度由电动机的速度给定，方向由电动机或者气缸电磁阀的正反方向控制决定，位移由限位开关控制。

1. 定位检测传感器的应用

（1）行程开关

行程开关是位置开关（又称限位开关）的一种，是一种常用的小电流主令电器。行程开关利用生产机械运动部件的碰撞使其触点动作来实现接通或分断控制电路，达到一定的控制目的。通常，这类开关被用来限制机械运动的位置或行程，使运动机械按一定位置或行程自动停止、反向运动、变速运动或自动往返运动等，如图 9-8 所示。

图 9-8　行程开关

（2）位移传感器

位移传感器又称为线性传感器，是一种属于金属感应的线性器件，传感器的作用是把各种被测物理量转换为电量。在生产过程中，位移的测量一般分为测量实物尺寸和机械位移两种。按被测变量变换的形式不同，位移传感器可分为模拟式和数字式两种。模拟式又可分为物性型和结构型两种。常用位移传感器以模拟式结构型居多，包括电位器式位移传感器、电感式位移传感器、自整角机、电容式位移传感器、电涡流式位移传感器、霍尔式位移传感器等，如图 9-9 所示。

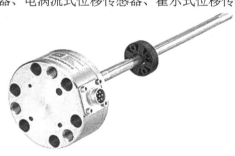

图 9-9　位移传感器

（3）视觉传感器

视觉传感器是利用光学元件和成像装置获取外部环境图像信息的仪器，通常用图像分辨率来描述视觉传感器的性能。视觉传感器的精度不仅与分辨率有关，而且同被测物体的检测距离相关。被测物体距离越远，其绝对的位置精度越差。

一套完整的视觉传感器会配备一个或多个图形传感器、光投射器和必要的辅助设备。在视觉传感器工作之前，需要先进行设置，设置的目的是明确视觉传感器要获取的图像的要求，这样一旦获取图像，视觉传感器就会将它与设置的图像信息要求进行对比、分析，保留符合要求的图片，放弃不满足要求的图片。视觉传感器获取图像时不会受到角度的影响，即使图像并不能完全展示在它的视野内，视觉传感器依然能够获取完整、清晰的图像，如图9-10所示。

图9-10　视觉传感器

1）高精度检测。判别出与所记忆的标记数据最相似的部分，进行高精度的位置数据计算。在负载上印刷标记时，每次都印刷出同样的标记比较困难，会发生印刷缺陷或是印刷不良等情况。但是，如果使用了此功能，即使实际负载上印刷的标签和登录的标签不同，也能以较高的精度进行判别。

2）边缘检测。把所记忆的标签边缘（非整个标签，只有4周1圈）作为典型进行登录，从实际接收到的图像数据中找出最相似的部分进行判别。在标签互相重叠的情况下，会发生要判别的标签之间重叠的情况。在此功能中，因为是以标签边缘数据形式进行典型化登录，所以即使发生了标签的重叠化，仍可以判别出4周1圈是何形状，从而实现高精度的判别。

2. 伺服电动机的应用

交流伺服电动机分为同步电动机和异步电动机。目前运动控制中一般都用同步电动机，具有功率范围大、惯量大、最高转动速度低且随着功率增大而快速降低的特点，因而适合做低速平稳运行的应用。交流同步伺服电动机内部的转子装有永磁体，驱动器控制输入定子三相对称绕组的三相对称交流电形成定子旋转磁场，转子在此磁场的作用下转动，同时电动机自带的编码器反馈信号给驱动器，驱动器根据反馈值与目标值进行比较，调整转子转动的角度。伺服电动机的精度取决于编码器的精度（线数），图9-11为一种伺服电动机。

图9-11　伺服电动机

（1）伺服电动机的优点

1）控制精度高。伺服电动机通过反馈控制实现精准的位置和速度控制等应用场合，通常精度可达到 0.001°。

2）响应速度快。伺服电动机具有较大转矩特性，可以在毫秒级别内完成加减速过程。

3）适应能力强。伺服电动机带负载工作能力强，通常可承受 3 倍额定值的负载。

（2）伺服电动机的缺点

伺服电动机可以用在会受水或油滴侵袭的场合，但是它不是全防水或防油的。需要根据负载调整、维护伺服电刷，否则易导致机械损耗。

（3）交流伺服电动机的工作原理

伺服电动机内部的转子装有永磁铁，驱动器控制输入定子三相对称绕组的三相对称交流电形成定子旋转磁场，转子在此磁场的作用下转动，同时电动机自带的编码器反馈信号给驱动器，驱动器根据反馈值与目标值进行比较，调整转子转动的角度。伺服电动机的精度决定于编码器的精度（线数）。交流永磁同步伺服驱动器主要有伺服控制单元、功率驱动单元、通信接口单元、伺服电动机及相应的反馈检测器件组成，其中伺服控制单元包括位置控制器、速度控制器、转矩和电流控制器等。

任务工单

任务名称	定位检测传感器安装		任务成绩	
学生班级			学生姓名	
所用设备			教学地点	
任务描述	本项目中定位检测传感器为对射式光电传感器，它是利用光电效应进行测量的传感器，由发射装置、接收装置和检测转换电路组成，能够精确、非接触测量被测物体的位置状态			
目标达成	1）掌握对射式光电传感器的结构组成 2）熟知对射式光电传感器的安装与调试			
任务实施	学习步骤1	对射式光电传感器的结构组成 		
	自测	区分反射式与对射式光电传感器的区别		
	学习步骤2	对射式光电传感器的安装与调试		
	自测	安装对射式光电传感器，写出安装步骤		

（续）

任务评价	1）自我评价与学习总结
	2）任课教师评价成绩

能力拓展——定位检测传感器参数

光电传感器是通过把光强度的变化转换成电信号的变化来实现控制的。一般情况下光电传感器由三部分构成，即发送器、接收器和检测电路。

发送器对准目标发射光束，发射的光束一般来源于半导体光源、即发光二极管（LED）、激光二极管及红外发射二极管。光束不间断地发射，或者改变脉冲宽度。接收器由光电二极管、光电晶体管、光电池组成。接收器的前面装有光学元件，如透镜和光圈等，后面是检测电路，能滤出有效信号并应用该信号。

若把发光器和收光器分离开，可使检测距离加大。一个发光器和一个收光器组成对射分离式光电开关，简称对射式光电开关。对射式光电开关的检测距离可达几米乃至几十米。使用对射式光电开关时，把发光器和收光器分别装在检测物通过路径的两侧，检测物通过时阻挡光路，收光器就动作输出一个开关控制信号。

对射式光电传感器广泛应用于位置检测中，在实训车间的 AGV 中也有光电传感器的应用。当 AGV 到达目的位置时，AGV 挡住红外线，而这种变化可以用作控制信号。这种定位方法的优点是定位精度可达 1.5mm 以上，如果在发射器前装一细小的光隙，定位精度可提高至 0.6mm 以上。

FSDK 14D9601 型对射式光电传感器的外观、尺寸如图 9-12 所示，性能参数见表 9-4。

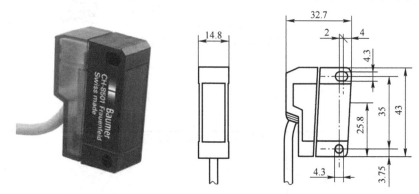

图 9-12 FSDK 14D9601 型对射式光电传感器的外观、尺寸

表 9-4 FSDK 14D9601 型对射式光电传感器的性能参数

参数	规格
类型	对射式传感器
发射器/接收器	发射器
光源	脉冲式红光 LED
实际范围	12m

（续）

参数	规格
额定范围	15m
波长	660nm
工作电压范围（$+V_s$）	DC 10～30V
电流消耗（最大）（无负载）	20mA
电流消耗（典型）	12mA
反向极性保护	是
宽度/直径	14.8mm
高度/长度	43mm
深度	31mm
类型	直角
外壳材料	塑料（ASA，MABS）
连接器类型	电缆 4 针，2m
操作温度	−25-+65℃
防护等级	IP67

 巩固训练

1．机器人内部检测用的传感器有哪些类型？

2．检测传感器选型应从哪些方面考虑？

任务 9.3　线激光扫描

 **工作任务**

1．工作任务描述

认识激光位移传感器，掌握激光位移传感器的结构组成和工作原理。

2．学习目标

1）能力目标：正确认识激光位移传感器，区分激光位移传感器的各组成结构。

2）知识目标：了解激光位移传感器的应用场合，掌握激光位移传感器的结构组成，理解激光位移传感器的工作原理。

3）素质目标：培养仔细做事、独立思考的职业素养，培养正确表达自己思想的能力。

3．教学组织设计

1）学生角色：操作者。

2）教学情境：企业生产部、设备维护部。

3）教学材料：学习参考材料、安全操作规范。

4．教学过程

1）任务导入。

2）必备知识：安全操作规范。

3）技能训练：激光位移传感器的接线与设置。

4）成果交流：小组讨论、交流。

5）教师点评：各组改进、作业。

知识储备——线激光扫描过程分析

1．激光位移传感器的概念、检测原理与应用

（1）激光位移传感器的概念

激光位移传感器是利用激光技术进行测量的传感器。它由激光器、激光检测器和测量电路组成，是新型测量仪表，能够精确、非接触测量被测物体的位置、位移等变化。

激光位移传感器以其广泛的环境适应性、超高的检测频率和精度，应用于手机检测、机械加工、汽车制造、精密仪器、点胶机、铁路铁轨检测以及科研教学等领域。

（2）激光位移传感器的检测原理

激光测量是一种非接触式测量。这种类型的传感器特别适合测量快速的位移变化，且无须在被测物体上施加外力，对于被测表面不允许接触的情况，或者需要传感器有超长寿命的应用领用意义重大。

激光三角反射式测量原理基于简单的几何关系。激光二极管发出的激光束照射到被测物体表面，反射回来的光线通过一组透镜，投射到感光元件矩阵上，感光元件可以是 CCD、CMOS 或者是 PSD 元件。反射光线的强度取决于被测物体的表面特性。为此，需要调节模拟元件 PSD 的敏感度。而对数字元件 CCD 图像传感器，使用德国米铱公司（Micro-Epsilon）提供的实时表面补光技术（Real Time Surface Compensation，RTSC）可以瞬时改变接收光强。

传感器探头到被测物体的距离可以由三角形计算法精确得到。采用这种方法能够得到微米级的分辨率。根据不同型号，测量得到的数据会由外置或内置控制器通过多种接口进行评估。

点激光投射到被测物体上形成一个可见光斑，通过这个光斑可以非常简便地安装调试探头，因此点激光传感器被应用到非常多的领域，成为精密距离测量的热门选择。根据不同设计，光学测量最大允许测量距离可达 1m。根据测量任务的需要，可以选择非常小的量程且具有极高的测量精度，或者选择大量程，但测量精度会有所下降。

激光位移传感器在定位测量中的应用如图 9-13 所示，可以对位移、厚度、振动、距离、直径等进行精密的几何测量。激光有直线度好的优良特性，同样激光位移传感器相对于已知的超声波传感器有更高的精度。但是，激光产生装置相对比较复杂且体积较大，因此对激光位移传感器的应用范围要求较苛刻。

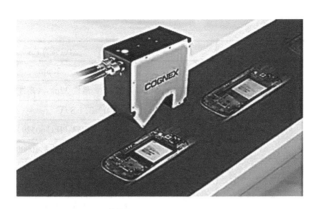

图 9-13　激光位移传感器在定位测量中的应用

（3）激光位移传感器的应用

激光位移传感器常用于长度、距离、振动、速度、方位等物理量的测量，还可用于探伤和大气污染物的监测等。

测量物体的直线度时，首先需要 2～3 个激光位移传感器进行组合式测量，如图 9-14 所示。然后将 3 个激光位移传感器安装在与生产线平行的一条直线上，并根据所需要的测量精度确定 3 个激光位移传感器之间的间距。最后，使被测物体以平行于激光位移传感器安装线的方向前进。当生产线与传感器的安装线平行时，3 个传感器测出来的距离差别越大则此物体的直线度越差，3 个传感器测出来的距离差别越小，说明此物体的直线度越好。根据所要测量物体的长度，以及 3 个传感器安装的间距等数据可以确立一个直线度的百分比，从而得到量化的信号输出，达到检测物体直线度的目的。

2. 基恩士 LJ-V7060 激光位移传感器

本项目选择基恩士激光位移传感器，其技术参数见表 9-5。

表 9-5　基恩士 LJ-V7060 激光位移传感器技术参数

型号		LJ-V7060
安装状态		漫反射
参考距离		60 mm
测量范围	Z 轴（高度）	±8 mm（F.S.=16 mm）
X 轴 （宽度）	近	13.5 mm
	参考距离	15 mm
	远	
光源	类型	蓝色半导体激光
波长		405nm（可见光）
激光分类		2M 类激光产品[①]（IEC 60825-1. FDA（CDRH） Part 1040.10[②]）
输出		10mW
（参考距离上的）光点直径		约 21mm×45μm
重复精度	Z 轴（高度）	0.4μm[③④]
	X 轴（宽度）	5μm[③⑤]

（续）

线性	Z轴（高度）	±0.1%的 F.S⑥
轮廓数据间隔	X轴（宽度）	20μm
采样频率（触发间隔）		最快 16μs （高速模式）、最快 32μs （高性能模式）⑦
温度特征		0.01%的 F.S./℃
环境抗耐性	外壳防护级	IP67（IEC 60529）⑧
	环境光照	白炽灯：最大 10000 lx⑨
	环境温度	0～+45℃⑩
	相对湿度	20%～85％ RH （无凝结）
	抗振性	10～57Hz、双振幅 1.5mm、X、Y、Z 方向各 3h
	耐冲击性	15G/6ms
材料		铝
质量		约 450g

① 不要用光学器材（如双目放大镜、放大镜、显微镜、望远镜及双筒望远镜等）直接观测激光光束，否则会对眼睛造成伤害。

② FDA（CDRH）的激光分类是基于 IEC 60825-1 并根据 Laser Notice No.50 的要求而实施的。

③ 在基准距离上取 4096 次平均值即为该值。

④ 测量目标物为基恩士标准物体。在高度模式中取初始设定范围高度的平均值即为该值，其他为初始设定。

⑤ 测量目标物为针规。在位置模式中测量针规 R 面和边缘的交点位置即为该值，其他为初始设定。

⑥ 测量目标物为基恩士标准物体。在经过 64 次平滑处理和 8 次平均化后测得的轮廓数据，其他为初始设定。

⑦ 高速模式是指测量范围最小、Binning 功能开启、拍摄模式为标准、并列拍摄功能开启时的状态，其他为初始设定。

⑧ 连接了传感头电缆（CB-B*）或延长电缆（CB-B*E）时的值。

⑨ 白纸测量时，在对准受照白纸时传感头受光面的光亮程度。

⑩ 传感头需安装在金属板上使用。

📝 任务工单

任务名称	线激光扫描传感器安装		任务成绩	
学生班级			学生姓名	
所用设备		教学地点		
任务描述	本项目中线激光扫描传感器是利用激光技术进行测量的传感器。它由激光器、激光检测器和测量电路组成。激光传感器是新型测量仪表，能够精确、非接触测量被测物体的位置、位移等变化			
目标达成	1）掌握激光位移传感器的结构组成 2）熟知激光位移传感器的安装与调试			
任务实施	学习步骤 1	激光位移传感器的结构组成 		
	自测	区分反射式与直射式激光位移传感器的区别		

（续）

任务实施	学习步骤2	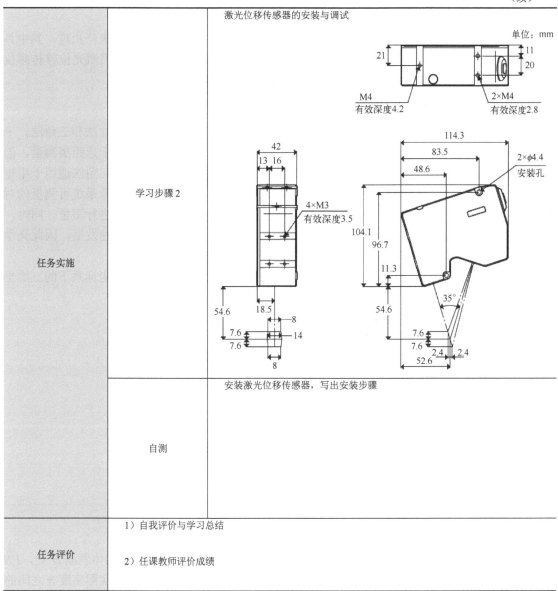 激光位移传感器的安装与调试
	自测	安装激光位移传感器，写出安装步骤
任务评价		1）自我评价与学习总结
		2）任课教师评价成绩

 能力拓展——线激光扫描传感器设置

1. 激光位移传感器的发展历程

作为一种非接触式测量技术，激光位移技术广泛应用于日常生活、工业生产和工业测量领域，在航空航天领域、军工领域以及高科技机器人领域也有着广泛的应用。因此，激光位移技术具有很高的商业价值，需求空间很大。激光位移传感器正是运用了激光位移技术，使得测量系统具有更高的精度、更少的功耗、更小的体积，并且使用方便且安全，正朝着电子化的趋势发展。国外关于激光位移技术的研究起步很早，目前的激光位移技术已经非常成熟。

激光位移传感器诞生于 20 世纪 60 年代，目前激光位移传感器的性能有了很大的改善。作为一种测量仪器，在非接触式测量领域占据一席之地。激光三角法测量的理论很早就被欧美国家研究，目前已经基于该方法研制出了功能完善的检测设备。其中具有代表性的是德国米铱公司、美国 MTI 公司和日本基恩士公司（KEYENCE）。

国内在光电检测技术领域的研究起步较晚，但对激光位移传感器的研究未停止过，其中具有代表性的是深圳光学电子科技有限公司和华中科技大学合作研制的 LT 系列激光位移传感仪器，在工作距离 35~540mm、测量范围 1~300mm 之间有多种规格。

2. 激光位移传感器的检测原理

激光位移传感器的测量原理有多种，常见的有干涉法、脉冲激光法、相位法和三角法。干涉法适用于短距离测量，精度高，但对环境要求较为严格；脉冲激光法适用于远距离测量，但精度较低；相位法适用于中远距离测量，精度较高，但电路处理较为复杂；三角法适用于中短距离测量，精度较高，但对接收器性能要求较高。光学三角法测量原理的测量系统可测量的对象广泛，像物体表面轮廓、几何尺寸、各种模具及自由曲面等都可用其原理进行测量。同时，非接触式测量系统的精度在不断地提高，这都得益于光学与电子学技术的快速发展，因此光学三角测量法已经成为测量领域的重点，广泛应用于未来的工程测量中。

激光三角法是结构光三维测量的基础，它将光条中心的坐标转换成世界坐标系下的三维坐标。激光三角法的测量原理如图 9-14 所示。

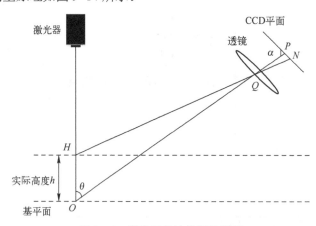

图 9-14　激光三角法的测量原理

首先确定基平面，测量高度 h 是相对于基平面的高度，激光投射到被测物体表面 H 处，PN 为实际高度 h 在 CCD 平面上的投影，根据三角形相似原理，可以确定 PN 与实际高度 h 之间的关系：

$$h = \frac{OQ \times PN \times \sin\theta}{QP \times \sin\theta + PN \times \sin(\alpha + \theta)}$$

式中，OQ 为 CCD 光轴与激光光轴交点到透镜中心的距离；PN 为实际高度 h 在 CCD 平面上的投影；QP 为透镜中心点到基准点的距离；α 为 CCD 光轴与 CCD 平面的夹角；θ 为激光光轴与 CCD 光轴的夹角。夹角 α 和 θ 可以利用在相机坐标系下已知的坐标通过余弦定理求得。通过激光三角法，光条中心点坐标系被转换为世界坐标系，实现测量物体模型的重建。

3. 激光回波分析原理

激光位移传感器采用回波分析原理来测量距离，以达到一定精度。传感器内部由处理器单元、回波处理单元、激光发射器、激光接收器等部分组成。激光位移传感器通过激光发射器每秒发射 100 万个激光脉冲到检测物并返回至接收器，处理器计算激光脉冲遇到检测物并返回至接收器所需的时间，以此计算出距离值，该输出值是将上千次的测量结果进行的平均输出，即所谓的脉冲时间法测量。激光回波分析法适合长距离检测，但测量精度相对于激光三角测量法要低，最远检测距离可达 250m。

 巩固训练

1．简述编码器在机器人位置检测中的应用。
2．激光位移传感器的性能指标有哪些？

参 考 文 献

[1] 付华，徐耀松，王雨虹. 智能检测与控制技术[M]. 北京：电子工业出版社，2015.

[2] 蔡自兴，等. 智能控制原理与应用[M]. 2版. 北京：清华大学出版社，2014.

[3] 郭广颂. 智能控制技术[M]. 北京：北京航空航天大学出版社，2014.

[4] 孙增圻，邓志东，张再兴. 智能控制理论与技术[M]. 2版. 北京：清华大学出版社，2011.

[5] 巩敦卫，孙晓燕. 智能控制技术简明教程[M]. 北京：国防工业出版社，2010.

[6] 刘金琨. 智能控制[M]. 5版. 北京：电子工业出版社，2021.

[7] 孙福英，赵元，杨玉芳. 智能检测技术与应用[M]. 北京：北京理工大学出版社，2020.

[8] 罗志增，席旭刚，高云园. 智能检测技术与传感器[M]. 西安：西安电子科技大学出版社，2020.

[9] 王仲生. 智能检测与控制技术[M]. 西安：西北工业大学出版社，2002.

[10] 王伟. 智能检测技术[M]. 北京：机械工业出版社，2022.

[11] 罗桂娥，陈革辉. 检测技术与智能仪表[M]. 3版. 长沙：中南大学出版社，2010.

[12] 李邓化，彭书华，许晓飞. 智能检测技术及仪表[M]. 北京：科学出版社，2007.

[13] 张秀彬，应俊豪. 视感智能检测[M]. 北京：科学出版社，2009.

[14] 范珍，管亚风，谢佳佳，等. 智能仓储与配送[M]. 北京：电子工业出版社，2021.

[15] 党争奇. 智能仓储管理实战手册[M]. 北京：化学工业出版社，2020.

[16] 王划一，杨西侠，林家恒，等. 自动控制原理[M]. 北京：国防工业出版社，2001.

[17] 张晋格，王广雄. 自动控制原理[M]. 2版. 哈尔滨：哈尔滨工业大学出版社，2002.

[18] 孙虎章. 自动控制原理[M]. 北京：中央广播电视大学出版社，1984.

[19] DORF R C, BISHOP R H. 现代控制系统：[M]. 8版. 谢红卫，邹逢兴，张明，等译. 北京：高等教育出版社，2001.

[20] 晁勤，傅成华，王军，等. 自动控制原理[M]. 重庆：重庆大学出版社，2001.

[21] 冯巧玲，范为福，邱道尹，等. 自动控制原理[M]. 北京：北京航空航天大学出版社，2007.

[22] 程鹏. 自动控制原理[M]. 北京：高等教育出版社，2003.

[23] 谢克明，王柏林. 自动控制原理[M]. 北京：电子工业出版社，2005.

[24] 梅晓榕. 自动控制原理[M]. 北京：科学出版社，2002.

[25] 邹伯敏. 自动控制理论[M]. 3版. 北京：机械工业出版社，2007.

[26] 袁冬莉. 自动控制原理解题题典[M]. 西安：西北工业大学出版社，2003.